무로부터의 우주

無로부터의 우주
A UNIVERSE FROM NOTHING

로렌스 크라우스 지음 | 박병철 옮김

승산

무(無)에서 유(有)를 만들어낼 수 있도록

나에게 영감을 불어넣어 준

토머스, 패티, 낸시, 그리고 로빈에게

크라우스는 천체물리학의 복잡하고 난해한 개념을 일반인들도 쉽게 이해할 수 있도록 풀어내는 보기 드문 재능을 갖고 있다. 그 비결 중 하나는 그의 탁월한 유머감각이다. 이 책은 특정집단의 주장에 치우치지 않고 공정한 관점에서 천체물리학의 역사와 현주소를 흥미진진하게 풀어내고 있다. 책을 읽어보면 알겠지만, 저자는 물리적 세계의 기묘함에 깊은 경외감을 갖고 있다. 게다가 그의 열정은 전염성이 꽤 강하다.

— 어소시에이티드 프레스Associated Press

우주론이 지금과 같은 형태를 갖출 때까지, 물리학자들은 참으로 길고 험난한 길을 걸어왔다. 물리학자 로렌스 크라우스는 그의 신간 『무로부터의 우주』를 통해 물리학이 걸어온 길을 흥미진진한 이야기로 풀어냈다. 이 정도로 훌륭한 책을 썼으면 조금은 자축하는 분위기를 내비칠 만도 한데, 크라우스의 글은 끝까지 덤덤하고 냉정하다. 과학을 바라보고 평가하는 자세도 참으로 솔직하다. 저자의 말대로 불안정한 무(無)는 우리에게 매우 고무적이다. 경이로움과 함께 지적 탐구심을 자극하는 모든 것들이 바로 이 무(無)에서 탄생했기 때문이다.

— 네이처Nature

첨단물리학을 소개하는 탁월한 안내서이다. 크라우스가 『무로부터의 우주』에서 우아한 필체로 설명한 바와 같이, 팽창하는 우주와 그 안에 존재하는 만물은 무(無)에서 시작되었다. 크라우스는 어렵고 딱딱한 과학을 쉬운 어휘로 풀어내는 타고난 이야기꾼이다. 우리는 우주의 역사에 대해 무엇을 알고 있으며, 그것을 어떻게 알게 되었을까? 저자는 이 질문에 완벽한 답을 제시한다. 자세하면서도 이해하기 쉽고, 결코 지루하지 않다. 시간과 공간은 완전한 무(無)에서 탄생했다. 크라우스의 설명에 의하면 무(無)는 극도로 불안정한 상태로서, 이로부터 유(有)가 필연적으로 탄생했다. 『무로부터의 우주』는 쉽게 읽히면서도 상당한 정보를 담고 있는 화제작이다.

— 뉴사이언티스트New Scientist

우주가 신의 손을 거치지 않고 완전한 무(無)로부터 물리적 과정을 거쳐 탄생했다는 크라우스의 주장은 매우 논리적이면서 우주에 대한 경이를 더욱 실감 나게 일깨워준다. 강력하게 추천하고 싶은 책이다.

— 라이브러리 저널Library Journal

저자는 열정적으로, 그리고 이해하기 쉬운 언어로 우주의 비밀을 파헤친다. 우주는 신비로 가득 차 있지만, 우주의 기원은 완전히 다른 곳에 있다. 사색적이면서 매력적인 책. 그러나 골치 아픈 문제를 회피하거나 대충 읽는 독자들을 위한 책은 아니다.

— 커커스 리뷰Kirkus reviews

크라우스는 우리의 우주가 창조주의 손을 거치지 않고 놀라운 역학적 과정을 통해 무(無)에서 탄생했다고 단언한다. 그가 이런 결론을 내리게 된 데에는 위대한 과학자들의 발견이 결정적인 역할을 했다. 물론 그중 최고봉은 단연 아인슈타인이다. 그러나 크라우스가 제시하는 개념들은 매우 분명하고 독창적이면서 설득력이 있다. 그는 우리가 '초기 지구의 지도제작자'라면서 한때 상상만 할 수 있었던 세계로 과감하게 치고 들어가 난해한 수수께끼를 명쾌하게 풀어내고 있다.

— 마더 존스Mother Jones

뛰어난 작가이자 재기 넘치는 달변가이며 과학분야의 만능 스토리텔러 로렌스 크라우스가 들려주는 우주론! 우주와 관련된 역설을 과학적으로 풀어냈다. 또한, 이 책은 눈에 보이지 않는 존재들을 인식하고 깨닫게 된 한 진실한 과학자가 경이로운 우주에 헌정하는 찬양가이기도 하다.

— cbcnews.ca

팽창하는 우주의 모든 것을 설명하는 탁월한 안내서이다. 최근에 우주론을 주제로 여러 권의 책이 출간되었지만, 이 정도로 목적을 충실하게 이룬 책은 드물다. 저자는 거침없는 필체로 '우주를 이해하는 데 신의 도움은 필요 없다'고 외치고 있다.

— 파이낸셜 타임스Financial Times

로렌스 크라우스의 『무로부터의 우주』는 스릴만점의 현대 우주론 입문서이다. 그의 설명에 의하면 모든 만물은 무(無)와 밀접하게 관련되어 있으며, 신(神)과는 아무런 관계도 없다. 정말로 탁월하면서 애착이 가는 책이다.

— 샘 해리스Sam Harris, 『도덕의 경관The Moral Landscape』의 저자

지성의 심연으로 이끄는 탁월한 안내서. 크라우스는 우주의 특성을 설명하는 최신이론을 소개하면서 우리 자신의 위치를 다시 한번 돌아보게 한다. 흥미로운 책이다.

— 마리오 리비오Mario Livio, 『황금 비율의 진실The Golden Ratio』의 저자

생생하고 재기 넘치면서 많은 정보가 담겨 있는 책이다. 저자인 크라우스는 경이와 흥미로움으로 가득한 우리의 우주를 진정으로 찬양하고 있다. 설득력과 재미를 겸비한 책이다.

— 퍼블리셔스 위클리Publishers Weekly

최근 들어 과학자들의 뛰어난 통찰과 놀라운 발견이 우주를 뒤흔들었다. 그 격동의 한복판에 로렌스 크라우스가 있다. 그는 넘치는 활력과 탁월한 기지로 놀라운 우주이야기를 멋지게 풀어냈다. '우주는 왜 텅 비어 있지 않고 무언가가 존재하게 되었는가?' — 이 심오한 질문에 해답을 제시하면서 크라우스의 통찰은 절정에 달한다.

— 프랭크 윌첵Frank Wilczek, 노벨물리학상 수상자, 『존재의 우아함Lightness of Being』의 저자

똑 부러지도록 명쾌한 책. 로렌스 크라우스는 우리의 복잡다단한 우주가 고밀도의 뜨거운 상태에서 태어나 지금의 모습으로 진화해왔음을 보여주고 있다. 이 책을 읽고 나면 과학자들이 만물이 탄생한 과정을 규명하기 위해 그토록 애쓰는 이유를 알 수 있을 것이다.

— 마틴 리스Martin Rees, 『우리의 마지막 시간Our Final Hour』의 저자

로렌스 크라우스는 타고난 유머감각과 뛰어난 언변, 그리고 명쾌한 논리로 '우주는 어떻게 무(無)에서 태어났는가?'라는 심오한 질문에 과학적 답을 제시하고 있다. 신학과 철학은 이 질문의 늪에 빠져 아직도 헤어 나오지 못하고 있지만, 과학은 현실적인 답을 줄 수 있다. 이것은 모호한 논리와 신화에 집착하는 형이상학을 상대로 거둔 물리학의 위대한 승리다. 크라우스의 흥미진진한 강의는 항상 우리를 즐겁게 한다.

— 앤서니 그레일링A. C. Grayling, 뉴 칼리지 오브 더 휴머니티스NCH 총장

페이퍼백 서문

이 책의 양장본(하드커버)이 출간된 후로 일부 평론가들은 "주류과
학계에서 수집한 관측자료들이 우주가 무(無)에서 탄생했음을 뒷받침
하고 있다"는 나의 주장에 부정적인 반응을 보였다. 그리고 그 사이에
힉스입자의 존재가 사실로 확인되면서 빈 공간과 우리(물체)들 사이의
상호관계가 한층 더 확실해졌다(힉스입자는 아직 공식적으로 확인되지 않
았다. 지금은 "힉스입자일 가능성이 매우 높은 입자"가 몇 차례 발견된 상태이
다. 그러나 저자는 힉스입자가 이미 발견된 것으로 확신하고 있다. 앞으로 이
점을 감안하여 읽어주기 바란다—옮긴이). 그래서 나는 『무로부터의 우주』
에 평론가들의 부정적인 반응과 힉스입자와 관련하여 새로운 서문을
추가하기로 마음먹었다.

내가 이 책의 부제를 "우주는 왜 텅 비어 있지 않고 무언가가 존재하게 되었는가?"로 정한 것은 지난 2천여 년 동안 철학자와 신학자를 비롯한 수많은 사람들이 끊임없이 제기해왔던 질문과 현대과학이 발견한 놀라운 사실들을 연결하려는 의도였다. 그러나 누군가가 공식 석상에서 진화론을 '이론'이라고 말했을 때 생길 수 있는 오해를 나 역시 초래할 수 있다는 사실을 충분히 인식하지 못했던 것 같다.

일상생활 속에서 '이론'이라는 단어는 과학에서 말하는 이론과 사뭇 다른 뜻으로 통용되고 있다. 무(無)의 개념은 신(神)과 마찬가지로 일부 사람들에게 입에 담기 꺼려지는 뜨거운 논쟁거리여서, 다른 중요한 문제를 가리는 걸림돌이 될 수도 있다. "왜?"라는 질문도 이와 비슷하다. 그래서 "왜?"와 "무(無)"를 한 곳에 섞으면 디젤유에 비료를 섞은 것처럼 위험한 상태가 되기 쉽다.

이 책의 9장에서 할 말을 여기서 먼저 하고자 한다. 누군가가 과학적 관점에서 "왜?"라는 질문을 던질 때, 사실은 "어떻게?"를 묻고 있는 경우가 대부분이다. 과학을 주제로 한 문답에서 "왜?"는 그다지 바람직한 질문이 아니다. 이 질문에 답하려면 그에 합당한 '목적'을 대야 하는데, 그러다 보면 과학의 범주를 넘어서기 십상이다. 어린아이를 키워본 부모라면 잘 알겠지만, 아이들은 "왜?"라는 질문을 거의 입에 단 채 살아간다. 아무리 신중하게 대답을 해줘도 "왜?"의 공세는 끊임없이 계속된다. 이 문답을 끝내는 유일한 방법은 답을 "왜냐하면!"으로 시작하는 것이다.

지난 세월 동안 과학은 진보를 거듭하면서 "왜?"라는 질문의 의미를 많이 바꿔놓았다. 이 책의 본문에서는 이런 경우에 해당하는 현대물리학의 사례를 몇 가지 들었는데, 이들과 여러 가지 면에서 비슷한 과거의 사례를 하나만 더 들어보자.

1595년의 어느 날, 저명한 천문학자 요하네스 케플러Johannes Kepler는 문득 "왜?"라는 질문의 해답을 찾았다는 느낌이 들었다. "태양계의 행성은 왜 여섯 개인가?" 그는 플라톤이 말한 다섯 종류의 정다각형에서 해결의 실마리를 찾았다. 당시 기하학자들 사이에서 신성시되었던 이 도형들(정삼각형, 정사각형 등)은 한결같이 외접원(다각형의 모든 꼭짓점에 접하는 원-옮긴이)을 갖고 있는데, 도형의 꼭짓점이 많아질수록 외접원의 크기가 커진다. 만일 여섯 개 행성의 궤도가 이 외접원들에 의해 분리되어 있다면, 태양과 각 행성들 사이의 거리를 계산할 수 있을 뿐만 아니라, 행성이 여섯 개인 이유까지 설명할 수 있다. 창조주인 신이 수학적인 존재여서 그와 같은 규칙을 부여했다고 생각하면 된다(기하학을 신성하게 여기는 것은 피타고라스 시대부터 이어져 온 전통이었다). "태양계의 행성은 왜 여섯 개인가?" 1595년에 이것은 창조주의 의도를 가늠하는 의미심장한 질문이었다.

그러나 지금은 이런 질문이 무의미하다는 것을 누구나 알고 있다. 무엇보다도 태양계의 행성은 여섯 개가 아니라 아홉 개다(명왕성은 내 마음속에 영원한 행성으로 남아 있다. 나의 친구인 닐 디그래스 타이슨Neil deGrasse Tyson(명왕성 퇴출에 주도적 역할을 한 미국 자연사박물관의 천체물리학자-옮긴이)의 심기를 긁어놓고 싶은 이유도 있지만, 초등학교 4학년인 나의 딸이 얼마 전에 학교에서 명왕성을 주제로 꽤 어려운 과학프로젝트를 수행했기 때문이다. 그 아이의 노력을 헛되게 만들고 싶지 않다!). 뿐만 아니라 우리의 태양계는 우주에서 유일한 태양계가 아니다. 케플러는 이 사실을 당연히 모르고 있었지만, 지금까지 외계태양계에서 발견된 행성만 해도 2천 개가 넘는다(아이러니하게도 이 외계행성들을 발견한 1등 공신은 우주 공간에서 관측임무를 수행하고 있는 '케플러 망원경'이었다!).

그러므로 우리가 던져야 할 질문은 "왜?"가 아니라 "어떻게?"이다. "우리 태양계에는 어떻게 아홉 개(관점에 따라서는 여덟 개)의 행성이 존재하게 되었는가?" — 이것이 올바른 질문이다. 우주에는 태양계가 무수히 많고, 환경도 천차만별일 것이다. 이런 상황에서 우리가 알고 싶은 것은 "태양에 가까운 곳에 4개의 바위형 행성이 생성되고 태양에서 멀리 떨어진 곳에 가스형 거대행성이 생성되려면 어떤 조건이 충족되어야 하는가?"이다. 이 질문에 답이 주어진다면 외계 생명체의 존재 여부를 가늠하는 데에도 어느 정도 도움이 될 것이다.

그러나 여기서 가장 중요한 것은 6개(또는 8개나 9개)라는 숫자에 아무런 의미가 없다는 점이다. 이 숫자에 창조의 의도나 목적 같은 것은 조금도 담겨 있지 않다. 우주의 행성을 아무리 뒤져봐도 이런 식의 인과관계는 찾을 수 없다. 앞서 말한 바와 같이 "왜?"는 "어떻게?"로 변했다. 이제 "왜?"라는 질문은 검증 가능한 의미를 담고 있지 않다.

그러므로 "우주는 '왜' 텅 비어 있지 않고 무언가가 존재하게 되었는가?"라는 질문 역시 "우주에는 '어떻게' 무언가가 존재하게 되었는가?"라는 의미로 이해되어야 한다. 단어 선택에 신중을 기하지 못해서 야기된 혼돈이 또 하나 있다. 자연에는 '기적'처럼 보이는 일들이 도처에 깔려 있어서, 대부분의 사람들은 설명을 포기하고 그 원인을 신(神)에게 돌리곤 한다. 그러나 내가 정말로 궁금하게 여기는 것은 기적의 비결이 아니라 "비(非)물질에서 어떻게 물질이 탄생하게 되었는가?"이다. 이 질문이 마음에 들지 않는다면 "무형에서 어떻게 형태가 생겨났는가?"로 바꿔도 상관없다. 이것은 정말로 놀랍고도 직관적으로 이해할 수 없는 사건이다. 우리가 알고 있는 세상에서는 절대로 불가능하다. 특히 "에너지와 질량은 형태가 바뀔 수 있어도 총량은 항상 보존된다"는 물리학법칙이 엄연히 존재하는데, 이런 일이 어떻게 가능하다는 말인가? 상식적인 의미의 '무(無)'란 유(有)가 아닌 상태, 즉 아무 것도 없다는 뜻이므로 총에너지도 0이어야 한다. 그렇다면 4천억 개가 넘는 은하들은 대체 어디서 온 것인가?

자연을 이해하려면 '상식'이라는 말부터 제대로 정의되어야 한다. 나는 이것이 과학이 갖고 있는 가장 놀라운 특성이며, 우리에게 사고의 자유를 부여하는 중요한 요소라고 생각한다. 현실reality은 오래 전부터 전해 내려온 편견과 오해로부터 우리를 자유롭게 해준다. 우리의 선조들에게는 자신의 목숨을 노리는 동물들을 피하는 것이 가장 중요한 생존비결이었으며, 우리의 지성은 그런 과정을 거쳐 진화해왔다. 원자 속의 전자와 파동함수를 이해하기 위해 노력했던 사람들이 아니라는 이야기다. 우리는 그들의 후손이므로, 파동함수보다 생존을 더 중요하게 생각하는 것은 너무도 당연하다.

100년 전의 과학자들에게 우주에 대한 현대적 개념을 들려주면 어안이 벙벙해질 것이다. 현대우주론은 그만큼 낯선 개념이다. 그것은 과학적 창의성과 독창적인 탐구방법, 그리고 우주를 이해하려는 인간의 의지가 어우러져 이루어낸 합작품이다. 이 정도면 자축할 만하다. 이 책의 본문에서도 말했지만, "무에서 어떻게 유가 창조되었는가?"라는 질문과 이에 대한 합리적인 답은 빈 공간에서 단순히 은하가 탄생할 가능성을 따지는 것보다 훨씬 흥미로운 주제이다. 과학은 시간과 공간이 창조된 과정과 여기 작용된 법칙들이 어떻게 탄생하게 되었는지를 설명해준다.

그러나 이런 해묵은 미스터리에 답이 주어진다 해도, 대다수의 사람들은 만족하지 않을 것이다. '비존재nonexistence'라는 더욱 심오한 의문이 마음속에 남아 있기 때문이다. 무언가가 존재할 가능성이 전혀 없는 완전한 무(無)의 상태는 왜 지금까지 계속되지 않았는가? "지금의 유(有)가 된 무(無)는 원래 '무언가를 낳을 가능성이 있는 유(有)'의 일부였다"는 설명 외에 다른 설명을 제시할 수 있을까?

본문에서 나는 이 문제에 대하여 다소 무성의한 자세를 보였던 것 같다. 궁색한 변명을 하자면, 그런 논의가 별로 생산적이지 않다고 생각했기 때문이다. 내가 생각하는 생산적인 논의란 "관측을 통해 답을 제시할 수 있는 질문에는 어떤 것이 있는가?"이다. 이 책에서 철학적인 언급을 자제한 것은 사실이지만, 논리적인 질문을 정의하는 데 관심 없는 사람들을 상대하기 싫어서 회피한 것은 아니었다. 내가 철학적 문제를 언급하지 않은 이유는 우주의 기원 및 진화와 관련된 정말로 흥미로운 질문들(그리고 대답 가능한 질문들)이 철학적 이슈 때문에 퇴색될 수도 있다고 생각했기 때문이다. 독자들 중에는 이것이 내 능력의 한계라고 생각하는 사람도 있을 것이고, 실제로 그럴 수도 있다. 그러나 이 책은 원래 그런 목적으로 쓰여진 것이다. 나는 이 책에서 과학이 답할 수 없는 질문에 답을 제시하려고 노력하지 않았으며, 내가 말하는 유(有)와 무(無)의 뜻을 정확하게 전달하기 위해 꽤 많은 노력을 기울였다. 독자들이 생각하는 유-무의 뜻이 나의 정의와 다를 수도 있겠으나, 그건 나로서도 어쩔 수 없는 일이다. 이것 때문에 나의 책이 마음에 들지 않는다면 본인이 직접 써 볼 것을 권한다. 그러나 책을 쓰더라도 현대과학을 일궈낸 인간지성의 모험담을 빼지는 말아주기 바란다. 그런다고 해서 위안이 되지는 않을 것이기 때문이다.

이제 좋은 뉴스를 전할 차례다! 지난 여름에 나를 포함한 전세계의 물리학자들은 제네바의 외곽에 있는 대형강입자충돌기Large Hadron Collider, LHC와 그것을 운용하는 과학자들을 실시간으로 지켜보느라 컴퓨터 앞에서 거의 매일같이 날밤을 새웠다. 자연의 가장 중요한 퍼즐조각을 끼워 맞춰줄 힉스입자(또는 힉스보손)가 발견되었다는 소식이 전세계에 파다하게 퍼졌기 때문이다.

힉스입자는 지금으로부터 거의 50년 전에 이론적 예측과 실험결과를 맞추는 과정에서 그 존재가 예견되었다. 힉스입자가 발견되면 인류 역사상 가장 놀라웠던 지적 탐험이 드디어 마무리되는 셈이다(지식의 발전에 조금이라도 관심이 있는 사람이라면 한 번쯤은 들어봤을 것이다). 또한 힉스입자는 무(無)에서 탄생한 유(有)를 한층 더 놀라운 존재로 만들어 줄 뿐만 아니라, 우리가 알고 있는 우주가 거대한 빙산의 일각에 불과하며, 텅 빈 것처럼 보이는 공간에 존재의 씨앗이 자라나고 있었음을 말해준다.

힉스입자의 존재가 예견되면서 20세기 후반의 입자물리학은 그야말로 혁명적인 변화를 겪었다. 20세기 들어 물리학은 사상초유의 눈부신 발전을 이루었지만, 불과 50년 전까지만 해도 자연에 존재하는 네 가지 힘들 중 그 특성이 양자역학적으로 규명된 것은 오직 전자기력 하나뿐이었다. 그러나 물리학자들은 그 후로 10여 년만에 나머지 세 개 중 두 개의 힘을 정복했을 뿐만 아니라, 이들을 하나로 통일하는 이론까지 개발했다. 알고 보니 자연에 존재하는 힘들은 하나의 수학체계 안에서 서술될 수 있었으며, 특히 전자기력과 약력(태양에너지의 원천인 핵반응을 좌우하는 힘)은 동일한 힘의 다른 측면이었음이 밝혀졌다.

두 개의 판이한 힘이 어떻게 서로 연결되어 있는 것일까? 전자기력을 매개하는 입자, 즉 광자는 질량이 없는 반면, 약력을 매개하는 입자는 원자핵을 구성하는 입자들보다 거의 100배 가량 무겁다. 매개입자의 질량이 이토록 크기 때문에 약력은 '약하게' 작용하는 것이다.

영국의 물리학자 피터 힉스Peter Higgs를 비롯한 몇 명의 물리학자들은 "눈에 보이지 않는 배경장background field이 모든 공간에 퍼져 있다면, 전자기력과 같은 힘을 매개하는 입자가 이 장과 상호작용을 교환하면서 일종의 저항을 받아 속도가 느려진다"는 것을 증명했다. 이것은 마치 걸쭉한 당밀 속에서 수영하는 것과 비슷하다. 그 결과 입자들은 질량을 가진 것처럼 행동하게 된다. 물리학자 스티븐 와인버그Steven Weinberg는 셸던 글래쇼Sheldon Glashow가 제안했던 약력과 전자기력 모형에 이 아이디어를 적용하여 모든 것을 하나로 통일할 수 있었다(비슷한 시기에 압두스 살람Abdus Salam도 동일한 연구를 수행했다).

이 아이디어는 매개입자뿐만 아니라 원자핵을 구성하는 양성자와 중성자, 그리고 그 주변을 메우고 있는 전자 등 자연에 존재하는 모든 입자에 똑같이 적용될 수 있다. 만일 어떤 입자가 배경장과 좀 더 강한 상호작용을 교환한다면, 그 입자는 다른 입자보다 질량이 더 큰 것처럼 행동할 것이고, 상호작용이 약하면 그 반대현상이 나타날 것이다. 그리고 배경장과 상호작용을 전혀 하지 않으면 질량이 없는 것처럼 행동하게 된다. 광자가 바로 이런 경우이다.

이 정도면 충분히 믿을 만한 가설이다. 질량은 기적을 만들어낸다. 숨어 있는 배경장이 "이 세상이 지금과 같은 모습으로 보이도록" 영향력을 행사하고 있기 때문이다. 배경장(흔히 힉스장이라 부른다)이 없었다면 우주에는 은하도, 별도, 행성도 없었을 것이고 그 기원을 궁금해하는 인간도 존재하지 않았을 것이다.

그러나 보이지 않는 무언가에 전적으로 의존하는 것은 과학이 아닌 종교가 할 일이다. 물리학자들은 이 기적 같은 현상이 사실임을 확인하기 위해, 양자세계의 또 다른 측면을 파고들었다. 배경장의 모든 곳에 (장)입자를 대응시키고 공간의 한 점을 골라 강하게 때리면 진짜 입자를 만들어낼 수 있다. 단, 충분히 작은 부피 안에 엄청난 힘을 집중시켜야 하는데, 바로 여기서 어려움이 발생한다. 지난 50년 동안 이 현상을 만들어내기 위해 수많은 실험이 이루어졌지만, 단 한 번도 성공하지 못했다. 심지어 미국에서는 세계 최대의 가속기건설 프로젝트를 세

왔다가 수조 원을 쏟아 부은 후 중단되기도 했다. 사실 나는 힉스입자가 발견되지 않는다는 쪽에 표를 던졌다. 그동안의 경험으로 미루어볼 때, 자연은 항상 인간의 상상보다 멀찌감치 앞서나갔기 때문이다.

2012년 7월까지는 그랬다.

힉스입자를 찾는 프로젝트는 토스트기를 개선하거나 더 빠른 자동차를 만드는 것과는 차원이 다르다. 그러나 일단 발견되기만 하면 자연의 비밀을 밝히는 인간의 능력과 그들이 개발한 실험기술은 최고의 칭송을 받아 마땅하다. 텅 빈 무(無)처럼 보였던 공간에 우리의 존재를 가능케 하는 씨앗이 숨어 있었던 것이다.

힉스입자는 이 책에서 논의된 내용의 상당부분이 사실임을 입증해주고 있다. 우주 초창기에 아주 짧은 시간 동안 엄청난 규모의 팽창이 일어나면서(이것을 '인플레이션inflation'이라 한다) 거의 아무 것도 없는 무(無)로부터 모든 물질과 공간이 탄생했다는 인플레이션이론inflation theory도 힉스장과 비슷한 장이 있어야 설득력을 가질 수 있다.

오늘날 우주공간을 가득 채우고 있는 힉스장은 또 다른 질문을 야기한다. "초기 우주에 그와 같은 초대형사고가 일어나려면 어떤 조건이 만족되어야 하는가?" "힉스장은 어떻게 지금과 같은 값을 갖게 되었는가?" "다른 값이면 안 되는가?" "우주 초기에 물리법칙의 초기조건이 조금 달랐다면 우리의 우주는 텅 빈 우주가 되었을 것인가?" 이 질문들은 책의 끝 부분에서 다루었다.

최후의 퍼즐조각이 어떤 모양이건 간에, 지난 40년 동안 물리학과 천문학이 일궈낸 수많은 발견들 덕분에 우주를 바라보는 우리의 관점이 크게 달라진 것은 분명한 사실이다. 그 사이에 질문 자체도 바뀌었지만, 과거에 던졌던 질문도 의미가 많이 달라졌다. 이것은 현대과학이 남긴 위대한 유산이며, 위대한 음악과 위대한 문학, 그리고 위대한 예술처럼 누구나 향유하고 즐길 수 있어야 한다.

서문

> 달콤한 꿈이건 악몽이건 간에, 우리는 경험의 세계에
> 서 깨어 있는 채로 살아갈 수밖에 없다. 지금 우리는
> 과학이 방방곡곡에 퍼져 있는 '완전하면서 현실적인'
> 세상에서 살고 있다. 완전함과 현실성 중 어느 한 쪽
> 편을 든다고 해서 우리의 삶이 게임으로 변하지 않는
> 다.
>
> ─ 제이콥 브로노프스키(JACOB BRONOWSKI)

본론으로 들어가기 전에, 우선 솔직하게 고백할 것이 있다. 이 세상
의 모든 종교는 창조주의 존재를 기정사실로 받아들이고 있지만, 나는
이 세상이 창조주 없이 존재할 수 있다고 믿는 사람이다. 추운 겨울날
아침에 내리는 눈송이부터 무더운 여름날 소나기 후에 나타나는 무지
개에 이르기까지, 우리 주변에는 믿기 어려울 정도로 아름다운 물체와
현상들이 즐비하게 널려 있으나, 이런 것들을 보면서 어떤 신성한 존재
가 특별한 목적을 갖고 사랑을 담아 열심히 빚어서 만들었다고 생각하
는 사람은 거의 없다(이렇게 생각하는 사람은 아마 열성적인 근본주의자일
것이다). 과학자는 물론이고 전문가가 아닌 일반인들까지도 눈송이와
무지개가 생기는 이유를 단순하고 우아한 물리학법칙으로 설명할 수

있다. 이 정도는 평범한 상식에 속한다.

물론 "물리학의 법칙은 어디서 왔는가?"라거나, 좀 더 적극적으로 "누가 물리학법칙을 만들었는가?"라고 물을 수도 있다. 그리고 누군가가 나서서 이 질문에 답한다 해도, "그렇다면 물리학법칙을 만들었다는 그는 또 어디서 왔는가?"라거나 "누가 그를 창조했는가?"라는 등, 우주의 기원을 캐는 질문은 끝없이 계속될 수 있다.

플라톤과 아퀴나스, 그리고 현대의 로마가톨릭교회는 조물주의 존재를 가정하고 있다. 과거에 존재했던 것들과 지금 존재하는 것, 그리고 미래에 존재하게 될 모든 것이 어떤 신성한 존재(또는 모든 곳에 영원히 존재하는 그 무엇)의 피조물이라는 것이다.

그러나 조물주를 내세워도 의문은 여전히 남는다. "그 조물주는 누가 창조했는가?" 답을 제시해도 이전과 동일한 질문을 똑같이 제기할 수 있으니, 이런 식의 반복은 아무런 의미가 없다. 그렇다면 '영원히 존재하는 조물주'와 '조물주 없이 영원히 존재하는 우주'가 대체 무엇이 다르단 말인가?

이런 이야기를 하다 보면 항상 떠오르는 일화가 하나 있다. 한 학자(버트런드 러셀Bertrand Russell이라는 설도 있고, 윌리엄 제임스William James라는 설도 있다)가 우주의 기원을 설명하고 있는데, 청중석에서 한 여인이 벌떡 일어나 "이 세상은 거대한 거북이의 등에 얹혀 있으며, 그 거북이를 무수히 많은 거북이들이 줄줄이 등에 이고 있다"고 주장하여 청중과 연사를 당혹스럽게 만들었다고 한다. 사실 이런 식의 자기반복형 논리는 우주의 기원에 대해 아무런 실마리도 제공하지 못한다. 거북이를 더 똑똑한 존재로 대치시킨다 해도 달라지는 것은 없다. 그러나 나는 무한반복 은유법이 "단 하나의 조물주가 우주 만물을 창조했다"는 종교적 관점보다 더 낫다고 생각한다. 실제 우주의 형성과정은 후자보다 전자에 더 가까울 것이기 때문이다.

우주의 기원을 논하면서 조물주를 내세우면 무한반복논리는 더 이상 끼어들 여지가 없어진다. 그러나 나는 우주에 관하여 굳게 믿는 사실이 하나 있다. 우주는 인간의 취향에 상관없이 자신의 갈 길을 가고 있다는 것이다. 조물주의 존재 여부는 개인의 취향에 따라 얼마든지 달라질 수 있으므로 우주의 근본적인 속성은 아니라고 본다. 조물주가 없는 우주는 존재의 목적이 다소 흐릿하긴 하지만 그 기원을 설명하기 위해 굳이 신을 도입할 필요가 없다.

우리는 '무한대'라는 것이 얼마나 많은 양인지 쉽게 떠올리지 못하지만(수학적 무한대는 비교적 쉽게 다룰 수 있다), 그렇다고 해서 무한대가 존재하지 않는다는 뜻은 아니다. 우리의 우주는 공간적으로 무한할 수도 있고, 시간적으로 무한할 수도 있다(즉, 영원히 존재할 수도 있다). 또는 리처드 파인만Richard Feynman의 말대로 물리학의 법칙이 양파 껍질처럼 겹겹이 층을 이루고 있어서, 새로운 스케일로 접어들 때마다 새로운 법칙이 적용될 수도 있다. 간단히 말해서, 아무도 알 수 없다는 것이다!

다들 알다시피 우주에는 수많은 별과 은하가 있고, 지구에는 인간을 비롯한 오만가지 생명체가 존재한다. 외계행성에 다른 생명체가 또 있을지, 아무도 알 수 없다. 맑은 날 밤에 하늘을 바라보면 조금도 심심하지 않다. 그런데 우주에는 왜 "무언가가 있는가?" 아무것도 없는 무

(無)의 우주가 될 수도 있었을 텐데, 왜 지금과 같이 다양한 천체들이 존재하게 되었을까? 이것은 지난 2천여 년 동안 끊임없이 제기되어온 질문이다. 누군가가 "우리의 우주는 아무런 목적도, 의도도 없이 자연발생적으로 태어났다"고 주장할 때마다 "그럼 왜 우주에는 무언가가 존재하게 되었는가? 애초부터 목적이 없었다면 굳이 물질이 존재할 이유가 없지 않은가?"라는 반문이 제기되곤 했다. 사람들은 이것을 흔히 철학적, 또는 종교적인 질문으로 간주해왔으나, 어쨌거나 자연을 대상으로 떠올린 최초의 질문이었으며, 과학의 범주 안에서 답을 구할 수 있는 질문이기도 했다.

이 책의 목적은 매우 간단하다. "우주는 왜 비어 있지 않고 물질의 존재를 허용했는가?"라는 질문에 과학이 어떤 답을 제시할 수 있으며, 지금 어떤 답을 준비하고 있는지 알아보는 것이다. 지금까지 이론과 관측을 통해 우리 과학자들이 알아낸 바에 의하면, 무(無)에서 유(有)가 태어난 것은 별로 중요한 문제가 아니다. 우주가 지금처럼 존재하려면 무에서 유가 반드시 태어나야 한다. 그것 외에는 달리 설명할 방법이 없다.

본론으로 들어가기 전에, 우선 '무(無, nothingness)'라는 단어의 개념부터 정확하게 짚고 넘어가야 할 것 같다. 언젠가 공식석상에서 이 문제를 놓고 토론을 벌일 때, 철학자와 신학자들은 과학자인 내가 "무(無)의 개념을 제대로 이해하지 못한다"며 불편한 심기를 드러냈다(이 자리를 빌려 나도 한 마디 하고 싶다. 사실 신학자들은 어떤 분야에서도 전문가로 보기 어려운 사람들이다).

그들은 내가 언급한 것들 중 그 어떤 것도 '무'가 아니며, 진정한 무는 '비존재nonbeing'라고 했다. 그러나 내가 보기에는 이것만큼 모호한 개념도 없다. 나는 창조론자들과 처음으로 논쟁을 벌이면서 지적설계론intelligent design을 '진화론을 부정하는 논리의 통합'으로 정의했었다. 이와 비슷하게 철학자와 신학자들은 '무(無)'를 '과학자들이 생각하는 '무'와는 다른 그 무엇'으로 정의해왔다.

그러나 내가 보기에 현대철학과 신학은 지적 파산을 눈앞에 두고 있다. '무nothing'를 '유의 부재absence of something'로 정의한다면, 그것은 '유'만큼이나 물리학적인 개념이다. 다시 말해서 '있음'과 '없음'은 물리적으로 이해 가능한 대상이라는 것이다. 여기서 과학을 배제시키면 이들은 그저 사전에만 존재하는 단어에 불과하다.

100년 전의 과학자들은 무를 '어떤 물질도 존재하지 않는 완전히 빈 공간'으로 정의했고, 여기에는 논쟁의 여지도 별로 없었다. 그러나 100년 사이에 양자역학 등 미시세계의 물리학이 알려지면서 텅 빈 공간의 특성이 과거의 짐작과 완전히 다르다는 것을 너무나 확실하게 알게 되었다. 그래서 한 종교비평가는 "철학자와 신학자들이 말하는 '무(無)'와 구별하기 위해, 과학자들은 빈 공간을 '무'가 아닌 '양자적 진공'으로 불러야 한다"고 지적했다.

오케이, 그 정도 부탁은 들어줄 수 있다. 그런데 누군가가 '무'를 '시공간의 부재'를 뜻하는 용어로 사용한다면 어쩔 것인가? 과거 한때는 이런 의미로 사용된 적도 있을 것이다. 그러나 앞으로 언급되겠지만 시간과 공간은 자발적으로 나타날 수도 있다. 아마도 신학자들은 이렇게 주장할 것이다. "당신이 말하는 '무'는 진정한 '무'라 할 수 없다. 진정한 무에서 무언가가 창조되려면 신에게 의지하는 수밖에 없다. 오직 신만이 '완벽한 무의 상태'에서 무언가를 만들어낼 수 있기 때문이다."

이 주제로 나와 대화를 나눴던 사람들은 "무언가가 창조될 수 있는 잠재적 가능성이 있다면, 그것은 진정한 무의 상태가 아니다"라는 데 의견을 같이 했다. 그리고 이런 가능성을 제시하는 물리학법칙이 엄연히 존재하는 한, 우리는 '비존재'라는 개념 때문에 골머리를 앓을 필요가 없다. 그러나 누군가가 "법칙 자체도 자발적으로 나타날 수 있다"고 주장한다면(앞으로 언급되겠지만 나는 그렇다고 생각한다), 법칙을 탄생시킨 계(系)도 진정한 '무'가 아니다.

수많은 거북이들이 층을 쌓은 채 이 세상을 떠받치고 있다고? 나는 그렇게 생각하지 않는다. 이런 이야기가 그럴듯하게 들리는 이유는 과학이 사람들의 마음을 불편하게 만드는 쪽으로 진화하고 있기 때문이다. 물론 이것은 과학이 추구하는 목적 중 하나이기도 하다(이것을 소크라테스 시대의 '자연철학'이라고 부르고 싶은 사람도 있을 것이다). '편하지 않다'는 것은 새로운 영감이 떠오를 만한 문턱에 도달했음을 의미한다. "어떻게?"라는 어려운 질문을 피해 가기 위해 '신'에 의존하는 것은 지적인 나태함에 불과하다. 창조의 잠재적 가능성이 없다면 제아무리 신이라 해도 거기서 무언가를 만들어낼 수는 없다.

현대과학은 이미 활동무대를 바꿨다. 무(無)를 놓고 왈가왈부하는 추상적 토론은 더 이상 과학의 탐구대상이 아니다. 과학은 우주의 기원을 실험과 이론에 입각하여 논리적으로 설명하고 있다. 이 책의 진짜 목적은 이 점을 독자들에게 분명하게 보여주는 것이다.

과학의 변화는 매우 중요한 사실을 시사하고 있다. 우주의 진화과정을 논할 때 종교나 신학은 끼어들 여지가 없다는 것이다. 종교와 신학은 명백한 증거가 눈앞에 제시되었음에도 불구하고 정의조차 불분명한 무(無)에 집착하면서 논리의 취지를 흐려놓는다. 우주의 기원은 아직 정확하게 밝혀지지 않았지만, 앞으로 새로운 사실이 밝혀져서 종교와 우주론이 더 가까워질 가능성은 없다고 본다. 우주뿐만이 아니다. 지금 종교계에서는 인간의 도덕을 종교의 전유물로 간주하고 있지만, 결국은 이것도 종교와 무관하다는 쪽으로 결론지어질 것이다. 적어도 나는 그렇게 믿는다.

과학이 자연을 이해하는 데 도움이 되는 이유는 크게 세 가지로 요약된다. 과학은 (1)어떤 쪽으로 결론이 나건 항상 명백한 증거를 따라가고, (2)어떤 이론이건 증명되거나 반증될 수 있으며, (3)최후의 판단은 개인의 신념이나 이론의 아름다움과 무관하게, 오로지 실험과 관측을 통해 내려진다.

이 책에서 소개될 실험결과들은 과학자들이 한창 궁금해 하고 있을 때 시기적절하게 얻어졌다는 점과 함께, 학자들의 예상을 크게 벗어났다는 공통점을 갖고 있다. 우주의 진화를 설명하는 과학이론은 과거에 인류가 만들어냈던 어떤 이야기보다 드라마딕하고 흥미진진하다. 역시 자연의 실체는 인간의 상상력보다 한 수 위였다.

우주론과 입자물리학, 그리고 중력이론은 지난 20여 년 사이에 우주를 바라보는 우리의 관점을 송두리째 바꿔 놓았으며, 우리는 우주의 기원과 미래에 대하여 놀랍고도 심오한 사실을 새롭게 알게 되었다. 허튼소리나 말장난을 포기할 수만 있다면, 이보다 더 흥미로운 글 주제는 찾기 어려울 것이다.

이 책의 목적은 우주를 낱낱이 분해하여 신비감을 없애거나 독자들의 믿음을 흔드는 것이 아니다. 나는 그저 우리의 우주가 얼마나 놀랍고도 흥미로운 존재인지를 독자들에게 전달하고 싶을 뿐이다. 이 책을 읽는 독자들은 팽창하는 우주의 끝에 서서 가장 격렬한 우주관광을 즐길 수 있을 것이다. 관광코스에는 우주의 시작인 빅뱅에서 우주의 머나먼 미래까지 모두 포함되어 있으며, 지난 세기에 물리학이 이루어낸 가장 위대한 발견도 함께 감상할 수 있다.

사실 이 책을 쓰게 된 직접적인 동기는 지난 30여 년 간 나의 연구방향을 이끌어왔던 어떤 '에너지' 때문이었다. 우주를 채우고 있는 에너지의 대부분은 현대과학으로 설명할 수 없는 기이한 형태로 존재한다. 이 사실이 알려지면서 현대우주론은 완전히 다른 위상으로 접어들게 되었다.

이 기묘한 에너지(암흑에너지dark energy를 말함—옮긴이)가 발견되면서 "우리의 우주는 완전한 무(無)에서 탄생했다"는 주장이 설득력을 얻게 되었으며, 학자들로 하여금 우주의 진화과정에 관한 기존의 가정과 기본법칙을 다시 한번 생각하게 만들었다. 그 결과 "우주에는 왜 무언가가 존재하는가?"라는 질문은 철학이나 종교적인 색깔을 완전히 벗고 순수하게 과학적인 관점에서 답을 구하는 추세로 변했다.

지난 2009년에 나는 로스앤젤레스에서 이 책의 제목과 동일한 주제로 강연을 한 적이 있다. 그런데 놀랍게도 리처드 도킨스 재단Richard Dawkins Foundation이 제공한 나의 강연 동영상이 유튜브YouTube에 올라와 지금까지 거의 100만 번의 조회수를 기록했고, 유신론자들과 무신론자들이 내 강연의 일부를 복사하여 토론의 주제로 삼는 등 제법 센세이션을 일으켰다. 내가 이 책을 쓰게 된 것도 여기에 힘입은 바 크다.

일단 인터넷을 통해 이 문제에 관심을 가진 사람들이 많다는 사실을 확인했고, 일부 웹사이트나 대중매체에서 나의 강연 의도를 다소 잘못 해석하는 경우가 종종 눈에 뜨이길래, 내가 했던 강연에 나 자신이 직접 해석을 내리는 것이 가장 바람직하다고 생각했다. 단, 2009년의 강연에서는 최근 우주론에서 일어난 혁명적인 변화를 소개하는 데 중점을 두었지만, 이 책에서는 그와 함께 공간의 에너지와 기하학적 구조를 추가로 소개할 것이다(추가된 부분은 이 책의 처음 2/3를 차지한다).

강연 후 지금까지 나는 과거에 제안되었던 아이디어와 선배학자들의 업적에 대해 많은 생각을 했고, 이 분야에 열정적인 관심을 가진 사람들과 많은 토론을 나눴으며, 우주의 기원과 관련된 입자물리학을 좀 더 심도 있게 연구했다. 그리고 나의 의견에 결사적으로 반대하는 사람들과 대화를 나누면서 논리상의 약점을 보완했다.

그동안 동료들과 나눴던 대화는 이 책을 집필하는 데 엄청난 도움이 되었다. 특히 귀한 시간을 쪼개서 나의 아이디어를 보완하고 혼란스러운 개념을 정리해 준 앨런 구스Alan Guth와 프랭크 윌첵Frank Wilczek에게 깊은 감사를 전한다.

나는 프리프레스Free Press와 사이먼 앤 슈스터Simon & Schuster사의 레슬리 메러디스Leslie Meredith와 도미닉 안푸소Dominick Anfuso의 격려에 힘입어 집필을 결심했고, 나의 가까운 친구인 크리스토퍼 히친스Christopher Hitchens에게 조언을 구했다. 크리스토퍼는 내가 아는 사람들 중 가장 박식하고 뛰어난 인물로서, 과학과 종교를 주제로 한 그의 강연에 나의 논리 중 일부를 인용했기 때문에 내가 쓸 책의 내용을 가장 잘 이해하는 사람이기도 했다. 그는 건강상태가 좋지 않았음에도 불구하고 정말 고맙게도 이 책의 서문을 써주기로 약속했다. 그가 보여준 친절함과 우정은 영원히 잊지 못할 것이다. 그러나 안타깝게도 그 후로 크리스토퍼의 병세가 악화되어 서문을 쓰지 못했고, 이 책의 초판이 나오기 직전에 세상을 뜨고 말았다. 그가 없는 세상은 이전보다 훨씬 공허하게 느껴진다. 그런데 고맙게도 나의 또 다른 친구이자 엄청난 재벌이며 저명한 과학자인 리처드 도킨스Richard Dawkins가 나서서 간결하고도 명쾌한 문체로 이 책의 후문을 써주었다. 그의 깊은 학식과 뛰어난 통찰력에 그저 감탄이 나올 뿐이다. 크리스토퍼와 리처드, 그리고 위에 언급된 모든 사람들에게 다시 한번 고마운 마음을 전한다. 이들의 격려와 도움이 있었기에 나는 컴퓨터 앞에 앉아 원고를 완성할 수 있었다.

차례

1897년, 이곳에서는

아무 일도 일어나지 않았다.

— 우디 크리크 주점의 벽에 걸린 액자에서

우디 크리크(Woody Creek), 콜로라도

1장 우주의 미스터리: 탄생

여행과 관련하여 제일 처음 떠오르는 미스터리는 다
음과 같다: 여행자는 여행이 시작되는 지점에 어떻게
도달했을까?

— 루이스 보건(Louise Bogan)
『방 안의 여행(Journey Around My Room)』

그것은 사나운 바람이 휘몰아치던 어느 날 밤의 일이었다.

1916년 초에 알버트 아인슈타인Albert Einstein은 10년 동안 한 가지 문
제를 파고든 끝에 아이작 뉴턴Isaac Newton의 고전중력이론을 대신할 새
로운 중력이론, 즉 일반상대성이론general relativity을 완성했다. 그것은 1905
년에 발표했던 특수상대성이론을 일반화시킨 새로운 상대성이론이자
시간과 공간의 특성을 서술하는 이론이기도 했다. 또한, 일반상대성이
론은 우주 안에서 천체들이 움직이는 방식과 함께 우주 자체가 진화해
가는 방식을 설명해주는 최초의 과학이론이었다.

그런데 여기에는 한 가지 문제가 있었다. 아인슈타인이 당시의 천

체관측 데이터를 자신의 방정식에 대입했더니, 사람들이 느끼는 우주와는 완전히 다른 결과가 나온 것이다.

그로부터 거의 100년이 지난 지금, 우주론은 정말 많이도 변했다. 한 인간의 수명과 비슷한 시간 동안 이토록 많이 변했다는 게 믿어지지 않을 정도이다. 1917년에 과학자들은 우주가 정적이고 영원하며, 우주에는 오직 우리 은하(은하수, Milky Way)만 존재한다고 하늘같이 믿고 있었다. 그리고 은하수를 제외한 우주는 아무것도 없이 텅 비어 있는 무한한 공간이라고 생각했다. 실제로 맨눈이나 소형 천체망원경으로 밤하늘을 올려다보면 이런 생각이 들 수밖에 없다. 그 외에 또 어떤 생각을 할 수 있었겠는가?

뉴턴의 중력이론이 그랬던 것처럼, 아인슈타인의 이론에서도 중력은 모든 물체들을 '끌어당기는' 쪽으로 작용한다. 그렇다면 다양한 질량을 가진 천체들이 각자 고유한 자리를 지키며 영원히 존재한다는 것은 도저히 있을 수 없는 일이다. 모든 천체들은 중력에 끌려 서서히 한 지점으로 모여들다가 결국은 하나로 뭉쳐 안으로 붕괴되고 말 것이다. 중력이 작용하는 한, 정적인 우주는 불가능하다.

10년의 각고 끝에 탄생한 일반상대성이론은 이처럼 기존의 우주관에 부합되지 않았고, 아인슈타인은 이로 인해 적지 않은 충격을 받았다(당시의 상황을 말해주는 몇 가지 일화가 있는데, 사실 여부가 분명치 않기 때문에 이 책에서는 그냥 넘어가기로 한다). 흔히 사람들은 아인슈타인이 몇 년 동안 세상과 완전히 담을 쌓은 채 오직 혼자만의 생각과 논리로 아름다운 이론을 만들어냈다고 알고 있지만(아마도 요즘 끈이론학자들이 이러고 있을 것이다), 사실은 전혀 그렇지 않다. 아인슈타인과 관련된 이야기들 중에는 근거 없는 뜬소문이 너무 많아서, 사실을 이해하는 데 적지 않은 방해가 되고 있다.

아인슈타인은 항상 실험과 관측결과에 입각하여 연구방향을 잡았던 사람이다. 그는 마음속에서 사고실험(thought experiment, 현실적으로 실행할 수 없는 실험을 상상 속에서 실행하여 결과를 예측하는 행위—옮긴이)을 수십 년 동안 실행하면서 새로운 수학을 익혔으며, 수학적으로 완벽한 이론을 완성할 때까지 수많은 시행착오를 겪었다. 그러나 아인슈타인이 자신의 이론에 확신을 갖게 된 것은 '생각'이 아닌 '관측'을 통해서였다. 아인슈타인이 이론을 완성하기 몇 주 전, 그러니까 일반상대성이론의 체계가 거의 잡혀갈 무렵에, 그와 경쟁 관계에 있던 독일의 수학자 다비드 힐베르트David Hilbert가 특별한 방정식을 사용하여 이상한 천체현상을 설명했다. 수성이 태양 주변을 공전하는 동안 태양에 가장 가깝게 접근하는 점을 '근일점prehelion'이라고 하는데, 이 지점이 조금씩 이동하고 있었던 것이다.

천문학자들은 수성의 공전궤도가 뉴턴이 예견했던 값에서 조금씩 벗어나고 있다는 사실을 오래전부터 알고 있었다. 수성의 궤도는 완벽한 타원이 아니라 세차운동을 하고 있다(한 바퀴 돌았을 때 출발점으로 정확하게 되돌아오지 않는다는 뜻이다. 그래서 수성의 궤적을 그림으로 나타내면 수많은 타원형 꽃잎이 빽빽하게 겹쳐 있는 꽃 모양이 된다). 단, 세차운동의 속도가 너무 느려서, 근일점이 이동하는 각도가 100년당 43초(1도의 약 1/100)밖에 되지 않는다.

아인슈타인이 자신의 일반상대성이론을 이용하여 계산을 수행해보니, 이미 알려져 있는 근일점 이동각도가 정확하게 얻어졌다. 작가 에이브러햄 파이스Abraham Pais는 아인슈타인의 전기에 "이 발견은 아마도 아인슈타인의 연구 인생, 아니, 평생을 통틀어 가장 극적인 순간이었을 것"이라고 적어 놓았다. 실제로 무언가가 아인슈타인의 마음속에서 섬광처럼 번쩍였을 것이다. 그로부터 한 달 후, 아인슈타인은 친구에게 보낸 편지에서 이론의 수학적 구조에 대하여 "비교할 수 없을 정도로 아름답다"고 표현했다. 그러나 자신이 일반상대성이론을 완성하고 얼마나 기뻐했는지는 구체적으로 적어 놓지 않았다.

일반상대성이론은 수성의 세차운동을 설명하면서 첫 번째 성공을 거뒀으나, 정적인 우주가 불가능하다는 결과를 낳음으로써 아인슈타인을 궁지에 빠뜨렸다(아인슈타인은 이를 극복하기 위해 자신의 방정식에 새로운 항을 추가했다가, 나중에 '인생 최대의 실수'였음을 인정하면서 철회했다. 그러나 새로 추가된 항은 그 후로 지금까지 물리학자와 우주론학자들 사이에서 끊임없이 회자되어 왔다). 지금 대부분의 사람들은(미국의 일부 교육위원회를 제외하고) 우주가 137억 2천만 년 전에 빅뱅으로 탄생한 후 지금까지 계속 팽창해왔다는 사실을 잘 알고 있다. 또한, 우리의 은하(은하수)는 관측 가능한 우주에 산재해 있는 4천억 개의 은하들 중 하나에 불과하다는 것도 알고 있다. 지금 과학자들이 그리고 있는 우주 지도는 과거 어느 때보다 스케일이 크고 정확하다. 그리고 이 지도는 최근 수십 년 사이에 가히 혁명적인 변화를 겪었다.

우주가 가만히 있지 않고 팽창한다는 것은 철학적, 종교적으로 매우 중요한 의미를 갖는다. 팽창이란 과거 어느 시점에 '시작'이 있었음을 의미하기 때문이다. 시작은 곧 창조이고, 창조는 사람의 감정을 자극한다. 1929년에 우주팽창의 증거가 처음 발견된 후, 이와는 별개로 빅뱅의 개념이 학계에 수용되기까지는 수십 년이 걸렸다. 그런데 1951년에 교황 비오 12세(Pius XII)는 과학이 창세기의 내용을 증명했다는 취지로 다음과 같은 선언문을 발표했다.

현대과학은 태초의 빛(Fiat Lux, 창세기 1장 3절: "빛이 있으라")을 포착하는 데 성공했다. 태초에 무(無)의 상태에서 빛과 복사에너지, 그리고 물질이 쏟아져 나왔으며, 이로부터 각종 원소들이 탄생하여 수백만 개의 은하가 형성되었다. 이 모든 것은 물리학적으로 이미 엄밀하게 증명된 사실이다. 우리의 우주가 창조주의 손에 의해 만들어졌음을 과학이 입증한 것이다. 그러므로 창조의 순간은 분명히 존재했다. 우리는 선언한다. "그러므로 창조주는 존재했으며, 따라서 신도 존재한다!"

선언문의 전말을 알면 더욱 흥미롭다. 빅뱅이론을 처음으로 제안한 사람은 벨기에의 조르주 르메트르Georges Lemaitre(1894~1966)였다. 물리학자이면서 성직자였던 그는 다방면에서 재능을 발휘한 사람으로 유명하다. 처음에 르메트르는 공학을 공부하여 1차 세계대전 때 포병으로 복무했다. 그 후 1920년대에 신부가 되면서 전공을 수학으로 바꿨고, 얼마 후에는 우주론에 입문하여 영국의 저명한 물리학자인 아서 스탠리 에딩턴 경Sir Arthur Stanley Eddington과 함께 공동연구를 진행하다가 미국으로 건너가 하버드대학에서 우주론을 계속 연구했으며, 결국 MIT에서 그의 두 번째 학위인 물리학 박사학위를 받았다.

두 번째 학위를 받기 전인 1927년에 르메트르는 일반상대성이론에 등장하는 아인슈타인의 장방정식을 풀어서 우리의 우주가 팽창하고 있다는 사실을 처음으로 알아냈다. 그러나 정적인 우주를 신봉했던 아인슈타인은 르메트르에게 "당신의 수학실력은 인정하지만, 물리학적 식견은 정말 형편없소!"라며 다소 감정이 섞인 비평을 가했다.

아인슈타인의 혹평에도 불구하고 뜻을 굽히지 않았던 르메트르는 1930년에 또 하나의 파격적인 가설을 내놓았다. 우리의 우주가 '원시원자Primeval Atom'라는 아주 작은 점에서 출발하여 지금까지 계속 팽창해왔다는 것이다. 그는 구약성서의 창세기를 염두에 두었는지, 빅뱅이 일어났던 순간을 '어제가 존재하지 않는 날Day with No Yesterday'이라고 표현했다.

결국, 교황 비오 12세가 지지했던 빅뱅이론의 창시자는 성직자였다. 언뜻 생각하면 르메트르가 교황청의 공식적인 지지를 부담스러워했을 것 같지만, 사실 그는 자신의 이론이 신학적 관점에서 해석되는 것에 대해 별다른 관심을 갖지 않았다. 1931년에 빅뱅을 주제로 출간된 그의 논문에는 신학적 해석이 단 한 줄도 들어 있지 않다.

1951년에 비오 12세가 "빅뱅이 창세기를 입증한다"고 선언했을 때, 르메트르는 공식적으로 반대의사를 표명했다(빅뱅이론이 틀린 것으로 판명된다면 성경의 입지도 위태로워진다고 생각했기 때문일 것이다). 그 무렵에 르메트르는 바티칸의 교황청과학원의 회원으로 선출되었고, 나

중에는 그곳의 수장이 되었다. 그러나 그 후에도 줄곧 "내가 아는 한, 우주탄생이론은 형이상학이나 종교와 무관하다"고 주장해왔으며, 교황은 이 문제를 공식석상에서 두 번 다시 거론하지 않았다.

이 일화에는 중요한 교훈이 담겨 있다. 르메트르도 알고 있었던 것처럼, 빅뱅의 발생 여부는 과학적 탐구대상이지, 결코 종교적 이슈가 될 수 없다. 빅뱅이 실제 있었던 사건으로 판명된다 해도(지금까지 얻어진 관측결과에 의하면 사실일 가능성이 매우 높다), 사람들은 개인적인 신념이나 종교에 따라 자신의 입맛에 맞게 해석을 내릴 수 있다. 빅뱅을 '창조주가 존재한다는 증거'로 해석할 수도 있고, '신에 의지하지 않고 우주의 진화과정을 설명한 일반상대성이론의 쾌거'라고 생각할 수도 있다. 그러나 이런 식의 형이상학적 해석은 빅뱅이론의 물리학적 진위 여부와 완전히 무관하며, 이론 자체를 이해하는 데 별 도움도 되지 않는다. 물론 팽창하는 우주를 넘어 우주의 기원을 설명하는 물리학적 원리를 찾는다면, 과학이 그 길을 밝혀줄 수 있다. 앞으로 알게 되겠지만 사실이 그렇다.

어쨌거나 르메트르도, 교황도, 우주가 팽창한다고 학자들을 설득하는 데에는 실패했다. 올바른 과학이 항상 그래왔듯이, 진정한 증거는 관측을 통해 제공된다. 우주팽창의 확실한 증거를 찾아낸 사람은 에드윈 허블Edwin Hubble이었다. 나는 그의 인간미 넘치는 심성에 항상 깊은 신뢰를 가져왔다. 왜냐하면, 그는 잘 나가는 변호사였다가 천문학자로 직업을 바꾼 특이한 경력의 소유자이기 때문이다.

허블은 1925년에 윌슨산 천문대에 있는 직경 100인치(2.54미터)짜리 후커망원경Hooker telescope으로 천문학사에 한 획을 긋는 중대한 발견을 이루어냈다(현재 제작 중인 세계 최대 망원경의 직경은 후커망원경의 10배이다. 즉, 렌즈의 면적이 무려 100배나 넓어졌다!). 당시 천문학자들은 일반적인 별과 다른 희미한 천체를 '성운(星雲, nebulae)'이라고 불렀는데(nebula는 라틴어로 "희미한 물체(구름)"를 뜻한다), 이것이 우리 은하에 속해 있는지, 아니면 그 바깥에 있는지조차 분명하지 않았다.

당시 천문학계에서 가장 영향력 있는 사람은 하버드대학의 할로 섀플리Harlow Shapley였는데, 대부분의 천문학자들은 그의 영향을 받아 우리 은하(은하수, Milky Way)가 우주의 전부라고 생각했다. 섀플리는 초등학교 5학년 때 학교를 그만두고 혼자 공부하여 프린스턴대학에 진학할 정도로 총명한 학생이었다. 그가 천문학astronomy을 전공하게 된 것도 강좌목록에서 알파벳순으로 제일 위에 올라와 있는 것을 그냥 찍은 결과라고 한다. 어쨌거나 섀플리는 은하수가 과거에 생각했던 것보다 훨씬 크고, 태양이 은하수의 중심이 아닌 변두리에 있다는 사실을 처음으로 알아냈다. 그는 당시 천문학계의 최고 실력자였으므로, 어느 누구도 성운에 대한 그의 생각에 반기를 들지 않았다.

1925년 새해 아침, 에드윈 허블은 나선형 성운spiral nebulae에 대해 2년 동안 연구해온 결과를 학술지에 발표했다. 이 논문에는 성운 안에 속해 있는 세페이드 변광성Cepheid variable star에 대한 분석결과도 들어 있다. 허블이 연구했던 성운은 오늘날 '안드로메다은하'로 알려져 있다.

1784년에 처음 발견된 세페이드 변광성은 일정한 주기로 밝기가 변하는 별이다. 1908년에 헨리에타 스완 리비트Henrietta Swan Leavitt라는 무명의 천문학 지망생이 하버드대학 부설 천문대에 '컴퓨터'로 취직했다('컴퓨터'는 망원경으로 찍은 별의 사진을 펼쳐 놓고 밝기에 등급을 매기는 여성직원을 뜻하는 말이었다. 당시만 해도 여성은 천체망원경을 볼 수 없었다). 목사의 딸이자 이민자의 후손이었던 리비트는 그곳에서 천문학의 역사를 바꿀 중요한 발견을 이루어냈다. 별의 밝기를 분석하던 중 세페이드 변광성의 밝기와 주기 사이에 밀접한 관계가 있음을 알아낸 것이다(그러나 리비트가 학계의 주목을 받기 시작한 것은 1912년부터였다). 리비트의 발견 덕분에 천문학자들은 주기가 알려진 세페이드 변광성까지의 거리를 계산할 수 있게 되었으며, 동일한 주기를 갖는 다른 세페이드 변광성의 밝기도 측정하여 거리를 알 수 있게 되었다!

별의 밝기는 거리의 제곱에 반비례하기 때문에(광원에서 방출된 빛의 선단은 구의 형태로 퍼져 나간다. 즉, 광원에서 시작된 구가 빛의 속도로 점점 커져 나가는 식이다. 그런데 구의 면적은 지름(또는 반지름)의 제곱에 비례하므로, 빛이 멀리 진행할수록 한 지점에서 관측한 빛의 강도는 지름의 제곱에 반비례하여 작아진다), 멀리 있는 별까지의 거리를 알아내는 것은 천문학의 오래된 골칫거리였다. 그런데 리비트가 이 문제를 해결하면서 천문학계는 일대 혁명을 맞이하게 되었다(평소 노벨상을 대수롭지 않게 여겼던 허블도 주변인들에게 "리비트는 노벨상을 받아 마땅하다"고 이야기하고 다녔다. 아마도 그녀가 노벨상을 받게 되면 자신도 공동 수상할 가능성이 있다고 생각했기 때문일 것이다). 스웨덴 왕립학회는 1924년이 되어서야 리비트의 노벨상 심사에 착수했는데, 알고 보니 그녀는 이미 3년 전에 암으로 세상을 떠난 후였다. 에드윈 허블은 워낙 강렬한 캐릭터에 대인관계도 넓었고 관측기술도 뛰어나서 21세기에도 유명세를 타고 있지만, 안타깝게도 스완 리비트는 이 분야의 '마니아' 정도로만 알려져 있다.

허블은 세페이드 변광성의 관측자료와 리비트가 발견한 주기-광도 사이의 관계를 이용하여 안드로메다의 변광성과 다른 몇 개의 성운들이 은하수 안에 있다고 보기에는 거리가 너무 멀다는 사실을 알아냈다. 이리하여 안드로메다는 우리 은하인 은하수와 아주 비슷하게 생긴 '또 하나의 나선형 은하'임이 밝혀지게 된 것이다. 지금까지 알려진 바에 의하면 안드로메다은하는 1천억 개의 별들로 이루어져 있으며, 관측 가능한 우주 안에 존재하고 있다. 허블이 내린 결론은 반박의 여지가 없었으므로 천문학계에 곧바로 수용되었으며, 당시 하버드대학 부설천문대의 소장이었던 섀플리도 은하수 외에 다른 은하가 존재한다는 것을 사실로 인정했다(이 천문대는 리비트가 획기적 발견을 이룬 곳이기도 하다). 지난 수백 년 동안 짐작해왔던 우주의 크기가 이 하나의 발견으로 갑자기 엄청나게 커진 것이다!

사실 이것만으로도 허블은 학자로서 최고의 영예를 누리며 여생을 편하게 살 수 있었다. 그러나 그는 재능 못지않게 불같은 열정을 가진 사람이었다. 그는 더 멀리 있는 은하에서 희미한 변광성을 관측하여 우주의 스케일을 더욱 넓혀 놓았고, 이 과정에서 정말로 놀라운 발견을 하게 된다 ― 우리의 우주가 팽창하고 있었던 것이다!

허블은 여러 은하들을 관측하여 얻은 거리 데이터를 베스토 슬라이퍼Vesto Slipher라는 또 한 사람의 미국인 천문학자가 얻은 관측데이터와 비교했다. 슬라이퍼는 주로 은하에서 방출되는 빛의 스펙트럼을 분석하고 있었는데, 두 사람의 데이터를 조합하면 우주가 팽창하고 있다는 결론이 자연스럽게 얻어진다. 이 부분을 이해하기 위해, 잠시 현대천문학이 태동했던 시기로 되돌아가 보자.

별(항성)과 행성은 거의 비슷한 원소로 이루어져 있다. 이것은 아마도 천문학 역사를 통틀어 가장 중요한 발견일 것이다. 그 기원은 17세기까지 거슬러 올라간다. 1665년, 당시 20대의 청년이었던 아이작 뉴턴Isaac Newton은 어두운 방에 조그만 구멍을 뚫어서 햇빛을 가느다란 빔의 형태로 만든 후, 빔이 지나가는 곳에 프리즘을 갖다 놓았다. 그랬더니 비가 온 후 하늘에 가끔씩 나타나는 무지개색 영상이 스크린에 선명하게 나타났다. 그래서 뉴턴은 백색의 햇빛 속에 모든 색상의 빛이 섞여 있다고 생각했다. 물론 그의 생각은 옳았다.

그로부터 150년이 지난 후, 또 한 사람의 과학자가 분광된 빛을 한층 더 세심하게 관찰하던 중 여러 색상들 사이에서 몇 개의 검은색 띠를 발견했다. 스펙트럼에 검은색 띠가 나타난다는 것은 그 위치에 있어야 할 빛이 도중에 어디론가 사라져서 지구에 도달하지 않았다는 뜻이다. 그래서 그는 태양에서 방출된 빛들 중 특정 파장, 또는 특정 색상의 빛이 태양의 대기층에 흡수되어 지구에 도달하지 못했다고 결론지었다. 훗날 '흡수선absorption line'이라고 명명된 이 검은 띠는 시구에서도 빌견되는 수소, 산소, 철, 나트륨, 칼슘 등의 원소가 특정 파장의 빛을 흡수했다는 증거이다.

1868년에는 또 다른 과학자가 태양 빛의 스펙트럼을 분석하다가 노란색 영역에서 과거에 발견된 적이 없는 새로운 흡수선 두 개를 발견했는데, 파장의 위치가 지구에 존재하는 어떤 원소와도 일치하지 않았다. 그래서 그는 "태양에 우리가 모르는 새로운 원소가 존재한다"고 결론짓고, 태양신 헬리오스helios의 이름을 따서 그 원소에 '헬륨helium'이라는 이름을 붙였다(그로부터 거의 한 세대가 지난 후, 지구에서도 헬륨이 발견되었다).

다른 별에서 방출된 복사(빛)의 스펙트럼은 천문학자들에게 없어서는 안 될 중요한 도구이다. 이 스펙트럼을 분석하면 별의 구성성분과 온도, 그리고 별의 진화과정을 알 수 있다. 베스토 슬라이퍼는 1912년부터 다양한 나선성운에서 방출된 빛의 스펙트럼을 분석해오다가 이상한 현상을 발견했다. 멀리 있는 별의 스펙트럼이 가까운 별의 스펙트럼과 거의 비슷하게 생기긴 했지만, 모든 흡수선들이 일제히 붉은색 쪽으로 이동해 있었던 것이다.

이 현상은 도플러효과Doppler effect로 설명할 수 있다. 1842년에 오스트리아의 과학자 크리스티안 도플러Christian Doppler는 파원(파동의 진원)이 관측자로부터 멀어지면 파장이 길어지고, 관측자를 향해 다가오면 파장이 짧아진다는 사실을 알아냈다. 독자들도 불자동차나 구급차가 자신을 향해 다가올 때 사이렌 소리가 높은음으로 들렸다가, 일단 지나치고 나면 갑자기 낮아지는 것을 경험한 적이 있을 것이다. 나는 도플러효과를 떠올릴 때마다 시드니 해리스Sydney Harris의 만화가 생각난다. 거기서 두 명의 카우보이가 말을 타고 평원을 가로질러 가고 있는데, 그 중 한 사람이 멀리서 달려오는 기차를 보고 이렇게 말한다. "나는 기차의 경적소리가 좋다네. 왠지 외롭게 들리거든. 특히 기차가 내 앞을 스쳐 지나갈 때 도플러효과 때문에 갑자기 달라지는 진동수는 정말 일품이지!" 기차의 경적소리도, 구급차의 사이렌 소리도 모두 파동(음파)이므로, 이들이 관측자를 향해 다가오면 소리가 높아지다가 관측자를 스쳐 지나가면 갑자기 낮아진다.

광파(빛의 파동)의 경우에는 이유가 조금 다르긴 하지만, 결과적으로는 음파와 마찬가지로 도플러효과가 나타난다. 즉, 광원이 스스로 움직이거나 공간 자체가 팽창해서 관측자로부터 멀어지면 실제보다 붉게 보인다. 가시광선 중에서 붉은색 빛의 파장이 제일 길기 때문이다. 이와는 반대로 광원이 관측자를 향해 다가오면(또는 공간이 수축되고 있으면) 파장이 짧아지면서 실제보다 푸르게 보인다.

1912년에 슬라이퍼는 모든 나선성운에서 방출된 빛의 파장이 대부분 긴 파장 쪽으로 이동했다는 사실을 알아냈다(단, 안드로메다은하에서 방출된 빛은 짧은 파장 쪽으로 이동되어 있다). 이로부터 그는 모든 천체들이 엄청나게 빠른 속도로 우리로부터 멀어지고 있다는 결론을 내렸다.

허블은 자신이 관측한 나선은하까지의 거리와(이들이 은하라는 것은 훗날 밝혀졌다) 슬라이퍼가 알아낸 천체의 멀어지는 속도를 비교할 기회를 얻었다. 그는 1929년에 윌슨산 천문대의 밀턴 휴메이슨Milton Humason(고등학교 졸업장도 없이 천문대에 취직할 성노로 기술이 뛰어난 인물이었다)의 도움을 받아 은하의 멀어지는 속도가 거리에 비례한다는 '허블의 법칙Hubble's law'을 발표했다. 즉, 멀리 있는 은하일수록 더 빠르게 멀어진다는 것이다!

이 놀라운 사실이 처음 발표되었을 때(대부분의 은하들은 지구로부터 멀어지고 있는데, 거리가 2배면 멀어지는 속도도 2배가 되고, 거리가 3배면 멀어지는 속도도 3배로 빨라진다), 천문학자들은 거의 동시에 똑같은 생각을 떠올렸다 ─ 결국 우주의 중심은 지구였다는 말인가?

아니다, 천만의 말씀이다. 지구는 절대로 우주의 중심이 아니다. 허블의 법칙은 지구가 우주의 중심이라는 뜻이 아니라, 르메트르가 장방정식을 풀어서 얻었던 결과가 관측결과와 정확하게 일치한다는 뜻이다. 우리의 우주는 정말로 팽창하고 있었다.

왜 그런가? 나는 그 이유를 설명하기 위해 많은 논리를 떠올려 보았으나, 솔직히 말해서 마음에 드는 게 하나도 없다. 허블의 법칙이 우주 팽창으로 귀결되는 이유를 제대로 이해하려면 상자의 바깥(지금의 경우에는 우주의 바깥)으로 나가는 수밖에 없다. 지금부터 우리 은하에서 바라본 근시안적인 관점을 과감하게 버리고, '우주의 바깥'에서 우주를 바라본다고 가정해 보자. 3차원 우주공간의 바깥이라고 하면 머릿속에 잘 그려지지 않을 테니, 우주공간을 2차원으로 줄여서 생각하자. 다음 그림은 팽창하는 우주의 모습을 서로 다른 시간(t_1과 t_2)에 바라본 광경이다. 그림에서 보다시피 은하들 사이의 거리는 시간이 t_1일 때보다 t_2일 때 더 멀다.

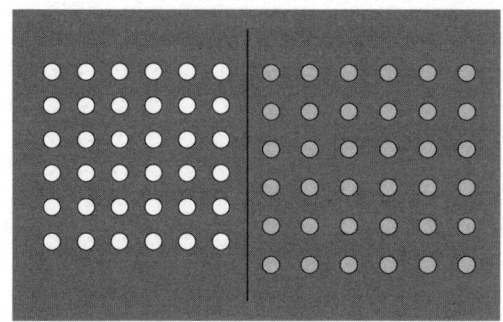

시간＝t_1일 때 은하의 배치　　시간＝t_2일 때 은하의 배치

　이제 시간＝t_2일 때 당신이 그림 속의 은하들 중 하나에 살고 있다고 가정해 보자(아래 그림 오른쪽에서 흰색으로 표시된 은하).

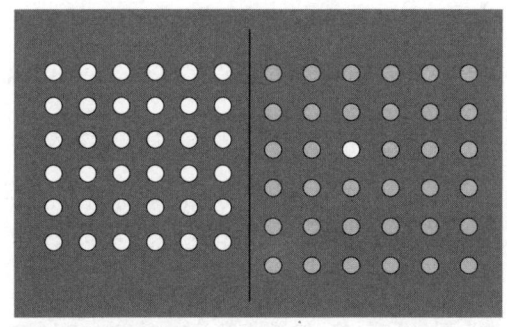

　당신이 살고 있는 은하에서 보았을 때 우주가 어떤 식으로 달라지는지 확인하기 위해, 위의 그림에서 왼쪽 그림 위에 오른쪽 그림을 포개 보자(당신이 살고 있는 은하의 위치가 정확하게 일치하도록 포갠다).

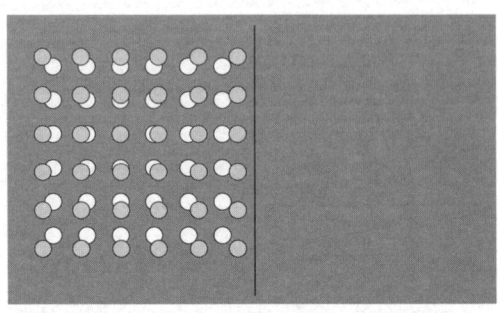

보라! 당신이 살고 있는 은하에서 보았을 때, 모든 은하들이 일제히 멀어지고 있지 않은가. 게다가 거리가 두 배인 은하는 같은 시간($t_2 - t_1$) 동안 두 배의 거리를 이동했고, 거리가 세 배인 은하는 같은 시간 동안 세 배의 거리를 이동했다. 그러므로 당신의 은하에 사는 사람들은 자신이 팽창의 중심이라고 생각할 것이다.

그러나 기준이 되는 은하를 바꿔도 상황은 달라지지 않는다. 이번에는 다른 은하를 골라서 위의 과정을 반복해 보자.

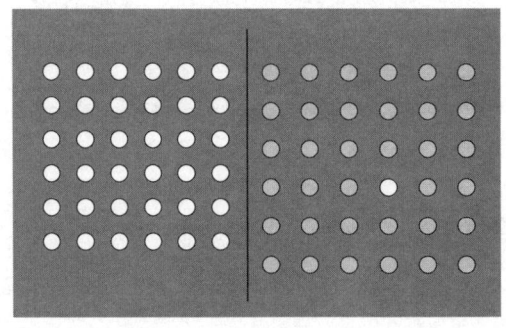

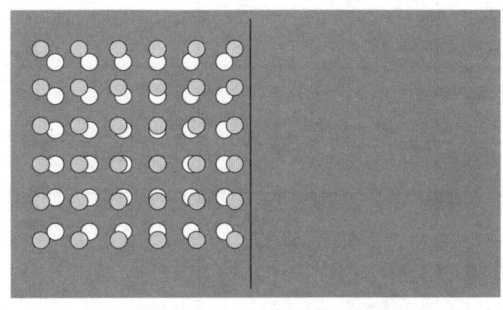

보다시피 이번에도 달라진 기준은하를 중심으로 일제히 멀어져가고 있다. 기준은하로부터 거리가 멀수록 멀어지는 속도가 빠른 것도 이전과 똑같다. 즉, 관측자가 어디에 있건 자신이 팽창의 중심이라고 느낀다. 그런데 모든 지점이 팽창의 중심이라면, 팽창의 중심이 존재하지 않는 것과 다를 바가 없지 않은가? 아무래도 상관없다. 어쨌거나 허블의 법칙은 '팽창하는 우주모형'과 정확하게 일치한다. 바로 이것이 논리의 핵심이다.

허블과 휴메이슨은 1929년에 분석결과를 발표했다. 이 논문에는 은하까지의 거리와 멀어지는 속도의 비례관계뿐만 아니라, 우주의 대략적인 팽창속도까지 제시되어 있다. 허블은 자신의 논리를 입증하기 위해 다음과 같은 그래프를 제시했다(다음 페이지 참조).

그래프를 보면 알겠지만, 데이터를 직선으로 연결한 것이 그다지 자연스럽게 보이지는 않는다(여기에는 약간의 행운이 따른 것 같다. 그래프에서 거리와 속도 사이에 어떤 상관관계가 있다는 것은 분명하지만, 비례관계라고 보기에는 직선에서 벗어난 점들이 너무 많다). 또한 허블은 100만 파

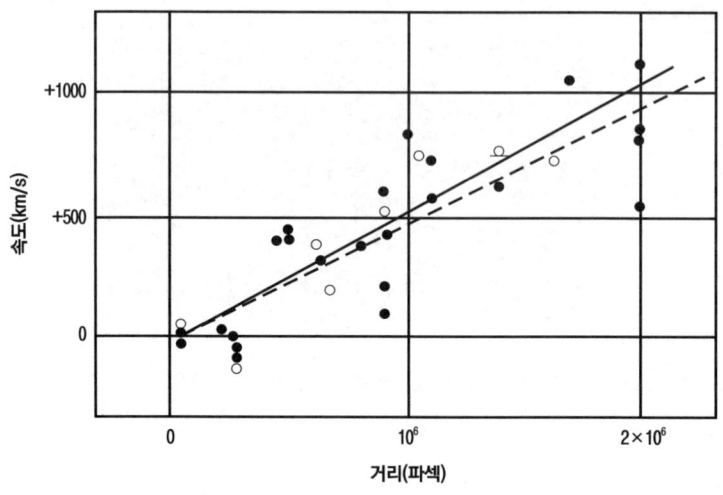

섹(약 300만 광년, 이 값은 은하들 사이의 평균거리에 해당한다)의 거리를 두고 떨어져 있는 두 은하가 초속 500km의 속도로 서로 멀어진다고 예측했다. 그러나 이 계산에서는 그래프의 경우와 같은 행운이 따르지 않았다. 그 이유는 간단하다. 지금 이 순간에 모든 천체들이 멀어지고 있다면, 과거에는 이들 사이의 거리가 더 가까웠을 것이다. 그런데 중력은 항상 잡아당기는 쪽으로 작용하기 때문에, 우주의 팽창속도는 서서히 느려진다. 그러므로 어떤 은하(A라 하자)가 지금 초속 500km로 멀어지고 있다면, 과거에는 멀어지는 속도가 더 빨랐을 것이다.

일단 A가 항상 같은 속도(초속 500km)로 멀어졌다고 가정하고, 시간을 거꾸로 되돌려보자. 그러면 A와 우리 은하가 같은 위치에 겹쳐지는 시점이 언제였는지 계산할 수 있다. 이보다 두 배 멀리 있는 은하 B는 멀어지는 속도도 두 배이므로, 시간을 거꾸로 되돌리다 보면 A와 B는

'동시에' 우리 은하와 겹쳐진다. 사실은 A, B뿐만 아니라 우주 전체가 한 점에 모이게 되는데, 이 시점이 바로 빅뱅이 일어난 시점이다. 그리고 여기에 도달할 때까지 되돌려진 시간은 바로 '우주의 나이'에 해당할 것이다.

이 값은 현재 우주가 가질 수 있는 나이의 상한선이다. 왜냐하면, 과거에 은하들이 지금보다 더 빠르게 멀어졌다면, 지금과 같이 배열되는 데 시간이 더 적게 걸렸을 것이기 때문이다.

허블은 이와 같은 논리를 통해 "지금부터 대략 15억 년 전에 빅뱅이 일어났다"고 예측했다. 그러나 당시에 알려진 지구의 나이는 최소한 30억 년이었다(테네시, 오하이오 등 몇 개 주에서 활동하는 성서 직해주의자들은 다르게 주장했다).

지구보다 젊은 우주? 이건 말이 안 된다. 아들의 나이가 어떻게 생모보다 많을 수 있단 말인가? 허블의 분석에서 무언가가 잘못되었음이 분명했다.

이 모든 혼란은 잘못된 거리 측정 때문이었다. 우리 은하의 세페이드 변광성을 이용한 거리 계산이 잘못되었던 것이다. 그는 가까운 변광성을 이용하여 멀리 있는 변광성까지의 거리를 계산했고, 이로부터 더 멀리 있는 변광성과 그것을 포함하는 은하의 거리를 추정했는데, 이 과정에서 오류가 발생하여 실제보다 작은 값이 얻어졌다.

이 오류는 몇 년에 걸쳐 수정되었는데, 중간과정이 너무 길고 복잡하여 자세한 설명은 생략한다. 지금은 거리 측정이 매우 정교해졌으므로, 굳이 과거의 오류를 파고들 필요는 없을 것이다.

　허블 우주망원경이 찍은 수많은 사진들 중에서, 나는 위의 사진을
가장 좋아한다.

　이것은 아주, 아주 멀리 떨어져 있는 나선은하의 아주, 아주 오래전
의 모습이다(지구로부터 약 5천만 광년 떨어져 있으므로, 이 사진은 5천만 년
전의 모습이다. 여기서 방출된 빛이 지구에 도달하려면 5천만 년이 걸리기 때
문이다!). 이런 종류의 나선은하는 약 1천억 개의 별들로 구성되어 있
다. 중심부의 밝은 영역에는 거의 100억 개의 별들이 모여 있을 것으로
추정된다. 사진의 왼쪽 아랫부분에 있는 별은 평범한 별 100억 개를 모
아 놓은 것과 맞먹을 정도로 강렬한 빛을 발하고 있다. 언뜻 보기에는
우리 은하에 속해 있는 어떤 별이 우연히 망원경 앵글에 잡힌 것처럼
보이지만, 사실은 사진 속 은하와 마찬가지로 거의 5천만 광년 거리에

있는 별이다.

이 괴물의 정체는 우주에서 가장 밝은 불꽃놀이라 할 수 있는 '초신성supernova'이다. 별이 폭발하면 아주 짧은 시간(지구 시간으로 약 1개월) 동안 100억 개의 별빛을 모아 놓은 것과 맞먹는 강렬한 가시광선을 방출한다.

다행히도 초신성 폭발은 자주 일어나는 사건이 아니다. 평균적으로 하나의 은하에서 100년에 한 번꼴로 발생한다. 초신성은 결코 백해무익한 존재가 아니다. 우리가 지금과 같은 모습으로 존재할 수 있는 것은 과거에 어디선가 초신성이 폭발했기 때문이다. 지금 당신의 몸을 이루고 있는 모든 원자들은 과거 한때 어떤 별의 내부에 존재했다가 폭발과 함께 우주공간으로 흩어진 것이다. 이뿐만이 아니다. 당신의 오른손을 이루고 있는 원자들과 왼손을 이루는 원자들은 각기 다른 별에서 왔을지도 모른다. 결국, 우리 모두는 별의 후손이며, 우리의 몸은 폭발한 별의 파편으로 만들어진 셈이다.

왜 그런가? 시간을 거꾸로 추적하여 빅뱅 후 1초가 지난 시점으로 되돌아가 보자. 현재 우주에 존재하는 모든 물질은 이 무렵에 고밀도로 압축된 플라즈마 상태로 존재했고, 온도는 거의 100억 도에 달했다. 이런 초고온에서는 양성자와 중성자 사이에 핵반응이 자연스럽게 일어나서 강하게 결합되었다가 후속충돌로 다시 분리된다. 점차 식어 가는 우주에서 이 과정을 추적하면 원시핵자들이 결합하여 수소보다 무거운 원자(헬륨, 리튬 등)를 생성하는 빈도를 예측할 수 있다.

리튬(Li, 세 번째로 가벼운 원소)보다 무거운 원소는 빅뱅 초기의 용광로 속에서 생성될 수 없다. 이 점을 자신 있게 주장할 수 있는 이유는 계산을 통해 얻어진 가벼운 원소들(수소, 중수소, 헬륨, 리튬)의 양이 실제 관측결과와 정확하게 일치하기 때문이다. 가벼운 원소들의 양은 거의 100억 배까지 차이가 난다(양성자와 중성자들 중에서 헬륨원자핵이 되는 것은 1/4인 반면, 리튬원자핵이 되는 것은 100억 분의 1에 불과하다). 차이가 너무 큰 것 같지만, 이론과 관측이 정확하게 일치하므로 믿을 수밖에 없다.

이것은 빅뱅이 실제로 일어났음을 입증하는 가장 확실한 증거이다. 오직 초고온의 빅뱅만이 현재 우주에 존재하는 가벼운 원소의 양과 관측을 통해 알려진 팽창의 패턴을 설명할 수 있다. 나는 가벼운 원소의 이론적 예상치와 관측을 통해 얻은 값을 메모지에 적어서 뒷주머니에 넣고 다니다가 누구든지 빅뱅을 믿지 않는 사람을 만나면 꺼내서 보여줄 수도 있다. 물론 빅뱅을 믿지 않기로 작정한 사람들은 데이터에 큰 감동을 받지 않기 때문에 실제로 시도해 본 적은 없지만, 독자들을 위해 이 책의 후반부에서 메모지의 내용을 공개할 예정이다.

리튬은 일부 사람들에게 매우 값진 원소일 것이다. 그러나 리튬보다 무거운 탄소, 질소, 산소, 철 등은 사람의 몸을 이루고 있으므로 리튬보다 훨씬 중요하다. 이 원소들은 위에서 말한 대로 빅뱅 때 만들어진 것이 아니다. 이들이 만들어질 수 있는 유일한 장소는 별의 내부뿐이며, 이들이 오늘날 당신 몸의 일부가 될 수 있는 유일한 방법은 별이 폭발하는 것뿐이다. 과거의 어느 날, 수명을 다한 별이 친절하게도 폭발을 일으켜주는 바람에 별의 구성원소들이 우주공간으로 흩어졌고, 세월이 한참 흐른 후 태양 근처에 있는 푸른 행성에 도달하여 우여곡절을 겪다가 생명체의 일부가 되었다. 우리 은하의 역사를 통틀어, 지금까지 약 2억 개의 별들이 폭발한 것으로 추정된다. 이 많은 별들이 스스로를 희생시킨 덕분에 지금의 우리가 존재하게 된 것이다.

과학자들은 폭발하는 별, 즉 초신성 중에서 1a형 초신성Type 1a supernova 을 1990년대부터 집중적으로 연구하여 몇 가지 놀라운 사실을 알아냈는데, 그중 가장 눈에 띄는 특성은 밝을수록 빛을 발하는 기간이 길다는 것이다. 그 이유는 아직 밝혀지지 않았지만 거의 예외가 없는 것을 보면, 밝기와 수명 사이에 무언가 밀접한 관계가 있는 것만은 분명하다. 그래서 천문학자들은 1a형 초신성을 '표준촛불standard candle'로 사용하고 있다. 즉, 1a형 초신성의 겉보기등급(겉으로 드러나는 밝기. 같은 양의 빛을 방출한다 해도 멀리 있는 별일수록 겉보기등급이 낮다–옮긴이)을 알면 그곳까지의 거리를 알 수 있다는 뜻이다. 예를 들어 멀리 있는 어떤 은하에서 1a형 초신성이 발견되었다고 하자(초신성은 워낙 밝기 때문에 '있는데도 보지 못하는' 경우는 없다). 그러면 천문학자는 망원경 앞에 앉아 겉보기등급과 함께 빛이 지속되는 시간(수명)을 정밀하게 측정한다. 이 초신성의 수명을 알면 절대등급(별의 원래 밝기. 즉, 거리가 멀어서 희미해지는 효과를 감안하여 나타낸 별 고유의 밝기–옮긴이)을 알 수 있고, 여기에 망원경으로 알아낸 겉보기등급을 감안하면 초신성까지의 거리를 산출할 수 있다. 현재 알려진 은하까지의 거리는 그 안에 포함되어 있는 1a형 초신성으로부터 이와 같은 과정을 거쳐 알아낸 것이다. 또한, 특정 은하에 속한 별빛이 적색편이되는 정도를 관측하면 은하가 멀어져 가는 속도를 알 수 있고, 거리와 속도 정보를 조합하면 우주가 팽창하는 속도까지 알 수 있다.

여기까지는 아무런 문제가 없다. 그런데 앞에서 말한 대로 초신성 폭발은 하나의 은하에서 100년에 한 번 일어날 정도로 드문 사건이다. 이렇게 드문 사건을 어떻게 관측할 수 있을까? 천문학자들이 100년 동안 대를 물려가며 망원경만 바라보고 있어야 할까? 실제로 우리 은하(은하수)에서 초신성 폭발을 가장 최근에 관측한 사람은 요하네스 케플러Johannes Kepler였다! 이것이 1604년의 일이었으니, 그 후로 거의 400년 동안 초신성이 관측되지 않았다는 이야기다. 사람들은 우리 은하의 초신성이 "위대한 천문학자가 활동하는 시기에만 나타난다"고 반 농담 삼아 말하곤 하는데, 케플러가 그 마지막 주인공이었던 셈이다.

오스트리아의 평범한 수학교사로 출발했던 케플러는 나중에 티코 브라헤Tycho Brahe(덴마크의 천문학자. 우리 은하에서 초신성을 발견하여 덴마크 왕으로부터 섬 하나를 통째로 하사받았다)의 문하생으로 들어가 브라헤가 10년 넘게 작성해온 관측자료를 고스란히 물려받고, 이로부터 행성의 운동과 관련된 세 가지 법칙을 발견했다.

1. 태양 주변을 공전하는 행성들은 타원궤도를 따라 움직인다.
2. 태양과 행성을 연결하는 선이 동일한 시간 간격 동안 쓸고 지나가는 면적은 항상 같다.
3. 행성의 공전주기를 제곱한 값은 타원궤도의 장축의 길이(타원의 반지름 중 가장 긴 것)를 세제곱한 값에 비례한다.

흔히 '케플러의 법칙'으로 알려져 있는 이 법칙은 그로부터 100년 후 아이작 뉴턴이 중력법칙을 발견할 때 중요한 실마리를 제공했다. 이 밖에도 케플러는 인류역사상 최초의 공상과학소설이라 할 수 있는 글을 남겼으며(달로 가는 여행에 관한 이야기다), 모친이 마녀로 몰려 재판에 회부되었을 때 그녀를 적극적으로 변호하여 무죄판결을 받아내기도 했다.

요즘 초신성을 찾는 가장 간단한 방법은 대학원생을 총동원하여 한 사람당 하나의 은하를 집중적으로 관찰하도록 떠맡기는 것이다. 예를 들어 20명의 학생이 20개의 은하를 관찰한다면 평균 5년에 한 번꼴로 초신성이 발견될 텐데, 이 정도면 한 학생이 박사학위를 받는 데 걸리는 시간과 비슷하다. 게다가 학생들은 얼마든지 동원할 수 있고, 인건비가 싸다는 장점도 있다. 교수가 학생들을 너무 쉽게 생각한다고? 맞는 말이다. 그러나 다행히도 천문학과 교수는 대학원생들을 이런 식으로 혹사시키지 않는다. 우주는 너무나 크고 나이도 많아서, '하나의 은하에서 100년당 한 번꼴로 일어나는 사건'도 전체적으로 놓고 보면 결코 드문 사건이 아니기 때문이다.

맑은 날 밤에 가까운 숲이나 들판으로 나가서 하늘을 바라보라. 이때 오른손 엄지와 검지로 동전 크기만 한 원을 만들어서 임의의 방향으로 팔을 뻗어보면, 그 안에 별이 들어오는 경우가 거의 없다. 맨눈으로 보이는 별이 그만큼 드물다는 뜻이다. 그러나 현재 운용되고 있는 고성능 천체망원경으로 보면, 동전만 한 영역 안에서 무려 10만 개의 은하를 관측할 수 있다(개개의 은하들은 수십억~수천억 개의 별들로 이루어져 있다). 초신성 폭발이 하나의 은하에서 100년에 한 번꼴로 일어난다면, 10만 개의 은하에서는 하룻밤 사이에 평균 3번씩 일어난다. 이 정도면 굳이 바쁜 대학원생들을 혹사시킬 필요가 없다.

이것이 바로 천문학자들이 사용하는 방법이다. 하루에 한 개의 초신성을 발견할 수도 있고, 운이 좋은 날은 두 개도 볼 수 있다. 물론 날씨가 좋지 않아서 허탕치는 날도 많다. 그동안 몇몇 그룹의 연구팀들이 이런 방법으로 초신성을 추적하여 허블상수(천체가 멀어지는 속도와 거리 사이의 비례관계를 나타내는 상수. 본문 56쪽의 그래프에서 직선의 기울기에 해당함—옮긴이)를 10% 오차범위 안에서 알아냈다. 과거에 허블은 300만 광년 거리에 있는 은하들이 초속 500km의 속도로 멀어진다고 예측했으나, 현재 알려진 값은 거의 1/10에 불과한 초속 70km이다. 그 결과 우주의 나이도 15억 년에서 거의 130억 년으로 길어졌다.

나중에 다시 언급되겠지만, 우리 은하에서 가장 오래된 별의 나이(위에서 언급한 것과 완전히 다른 방법으로 계산되었다)도 우주의 나이와 정확하게 일치한다. 브라헤와 케플러에서 시작하여 르메트르와 아인슈타인, 그리고 허블에 이르는 400년의 세월 동안 천문학자들은 별의 스펙트럼을 분석하여 가벼운 원소의 양을 알아냈고, 우주의 나이와 팽창속도까지 계산할 수 있게 되었다. 게다가 이 모든 정보들은 아무런 모순 없이 아름다운 조화를 이루고 있다. 이 정도면 빅뱅을 신뢰하기에 충분하다고 본다.

2장 우주의 미스터리: 우주의 무게

우리가 무언가를 알고 있다는 사실을 알고 있으면 그
것은 '알려진 지식(known knowns)'이며, 모르고 있다
는 사실을 알고 있으면 그것은 '알려진 미지(known
unknowns)'이다. 그러나 이 세상에는 '알려지지 않은
미지(unknown unknowns)'도 있다. 우리가 무언가를
아직 모르고 있는데, 모르고 있다는 사실조차 인식하
지 못할 수도 있는 것이다.

—도널드 럼스펠드(Donald Rumsfeld)

우주에 시작이 있다는 것은 우주의 나이가 유한하며 측정 가능하
다는 뜻이다. 이것을 사실로 인정하면 다음의 질문이 자연스럽게 떠오
른다. "그렇다면 우주는 어떻게 끝날 것인가?"

나 자신도 이 질문의 답을 구하기 위해 홈그라운드였던 입자물리
학계를 떠나 우주론으로 전향했다. 1970~80년대에 천문학자들은 우
리 은하의 별과 은하먼지의 관측데이터를 분석한 끝에 "우주에는 우리
의 눈이나 망원경에 보이는 섯보다 훨씬 많은 무언가가 존재한다"는
심증을 갖게 되었다. 우리 은하뿐만 아니라 '성단cluster'이라 불리는 은하
집단을 관측한 결과도 마찬가지였다.

거대한 은하의 움직임을 좌우하는 가장 강력한 힘은 중력이다. 그

러므로 거대은하의 움직임을 관측하면 그곳에 작용하는 중력(인력)의 강도를 짐작할 수 있다. 이 분야를 개척한 사람은 미국의 여성 천문학자 베라 루빈Vera Rubin과 그녀의 동료들이었다. 루빈은 조지타운대학에서 박사과정을 마쳤는데, 대부분의 수업이 야간강좌였고 운전도 할 줄 몰랐기 때문에, 그녀의 남편이 매일 밤마다 자동차에서 그녀를 기다렸다고 한다. 원래 그녀는 프린스턴대학에 진학하기를 원했으나, 이 학교는 1975년까지 천문학과에 여학생을 받아주지 않았다. 그러나 루빈은 끈질기게 관측에 전념한 끝에 우리 은하의 회전속도를 알아냈고, 여성으로서는 두 번째로 왕립천문학회에서 수여하는 금메달의 주인공이 되었다. 그녀는 은하수의 외곽에 있는 별들과 뜨거운 기체의 움직임을 관측하다가 놀라운 사실을 알아냈다. 은하수의 질량분포는 이미 관측을 통해 알려져 있으므로, 은하 전체가 지금과 같은 형태를 유지하려면 그에 합당한 속도로 회전해야 한다. 회전속도가 너무 빠르면 중력이 원심력을 이기지 못하여 산산이 흩어질 것이다. 그런데 루빈의 관측에 따르면 은하수는 중력이 감당할 수 있는 속도보다 훨씬 빠르게 회전하고 있었다. 이 현상을 이해하려면 눈이나 망원경으로 보이는 천체들 이외에 엄청나게 많은 질량이 은하수 안에 존재한다고 생각하는 수밖에 없다.

　　그러나 여기에는 심각한 문제가 있다. 앞서 말한 바와 같이, 우주에 존재하는 가벼운 물질(수소, 헬륨, 리튬)의 양을 이론적으로 계산한 결과와 관측으로 알아낸 값은 매우 정확하게 일치한다. 또한, 이 결과로부터 우주에 존재하는 양성자와 중성자(일상적인 물질을 이루는 입자들)의 대략적인 양도 알 수 있다. 왜 그럴까? 이유는 간단하다. 음식의 재료를 많이 쓸수록 결과물의 양도 많아지기 때문이다. 달걀 네 개가 들어간 오믈렛은 두 개가 들어간 오믈렛보다 당연히 두 배쯤 많다. 따라서 결과물(원소)의 양을 알면 원재료(양성자와 중성자)의 양도 대충 알 수 있다. 이런 원리에 입각하여 현재 존재하는 수소, 헬륨, 리튬의 양으로부터 빅뱅 때 존재했던 양성자와 중성자의 밀도를 추정해 보면, 현재 별과 고온가스를 이루는 물질의 2배나 된다. 그렇다면 나머지 입자들은 다 어디로 간 걸까?

양성자와 중성자가 눈에 보이지 않는 곳(눈 뭉치, 행성, 우주론학자의 몸 등)에 숨어 있을 수도 있다. 그래서 물리학자들은 다량의 양성자와 중성자가 어두운 천체를 구성하고 있다고 생각했다. 그러나 우리 은하가 지금처럼 빠르게 움직이면서 흩어지지 않으려면, 전체 물질과 눈에 보이는 물질의 비율은 2:1이 아니라 거의 10:1이 되어야 한다. 다시 말해서, 보이지 않는 물질은 양성자나 중성자로 이루어져 있지 않다는 뜻이다. 일상적인 물질만으로는 턱없이 모자란다. 그 후로 천문학자들은 눈에 보이지 않으면서 중력을 행사하는 미지의 물질을 '암흑물질dark matter'이라는 이름으로 부르기 시작했다.

1980년대 초반에 젊은 입자물리학자였던 나는 암흑물질의 존재 가능성에 완전히 매료되었다. 우주에 가장 많이 존재하는 입자는 우리에게 친숙한 양성자나 중성자가 아니라, 암흑물질을 구성하는 미지의 입자였던 것이다. 눈에 보이지 않기 때문에 소위 말하는 '존재감'은 전혀 없지만, 은하수의 형태가 지금과 같이 유지되려면 별과 별 사이의 공간에 암흑물질이 가득 차 있어서 은하의 전체적인 중력을 지배하고 있어야 한다.

더욱 흥미로운 것은 암흑물질 덕분에 세 가지 연구주제가 새롭게 탄생했다는 것이다.

1. 암흑물질을 구성하는 입자(암흑입자라 하자)들이 빅뱅 때 가벼운 원소와 함께 탄생했다면, 소립자의 상호작용을 결정하는 힘의 개념을 이용하여 현재 우주에 존재하는 암흑입자의 양을 계산할 수 있다.

2. 입자물리학의 이론적 기초를 이용하여 우주에 존재하는 암흑물질의 양을 알아낼 수 있을지도 모른다. 또는 암흑물질을 감지하는 새로운 실험이 제시될 가능성도 있다. 일상적인 물질과 암흑물질의 총량이 밝혀지면 우주공간의 기하학적 구조도 알려질 것이다. 눈에 보이는 현상을 설명하기 위해 눈에 보이지 않는 무언가를 도입하는 것은 정상적인 물리학이 아니다. 제대로 된 물리학이라면 눈에 보이지 않는 것을 볼 수 있게 만들어야 한다. 과거에 볼 수 없었던 것, 즉 '알려진 미지known unknown'를 '알려진 지식known knowns'으로 바꾸는 것이 물리학의 본분이다. 개개의 소립자를 암흑물질의 후보로 가정하여 지구에 감지장치를 설치하면 우주공간을 가로지르는 암흑물질이 우연히 여기에 도달할 가능성도 있다. 암흑물질이 은하수 전역에 골고루 퍼져 있다면 망원경이 아닌 다른 도구로 그 존재를 입증할 수 있을 것이다.

3. 암흑물질의 특성과 총량이 밝혀지면 우주종말의 시기와 구체적인 형태를 알 수 있다.

이들 중 세 번째 가능성이 가장 흥미롭다고 생각되기에, 제일 먼저 다루기로 한다. 내가 천문학으로 전향한 이유는 우주의 마지막 순간을 알아낸 최초의 인간이 되고 싶었기 때문이다.

아인슈타인의 일반상대성이론은 물질과 에너지에 의해 공간이 휘어진다는 사실을 이론적으로 예견했다. 그리고 이 예견은 1919년에 영국의 물리학자 아서 에딩턴Arthur Eddington에 의해 사실로 확인되었다. 에딩턴은 개기일식이 일어났을 때 태양 뒤에 가려진 별을 관측함으로써 빛이 태양의 중력에 의해 휘어진다는 사실을 확인했고, 휘어진 각도도 아인슈타인이 예측한 값과 정확하게 일치했다. 이 일을 계기로 아인슈타인은 거의 하루아침에 세계적인 명사가 되었으며, 그 후로 지금까지 과학을 상징하는 아이콘으로 자리 잡았다(대부분의 사람들은 '아인슈타인' 하면 1905년에 발표된 특수상대성이론의 $E = mc^2$을 떠올리지만, 그에게 명성을 가져다준 것은 일반상대성이론이었다).

공간이 휘어져 있다는 사실이 알려지면서, 우주 전체의 기하학적 구조가 커다란 관심거리로 떠올랐다. 우주공간은 그 안에 존재하는 물질의 양에 따라 세 가지 형태를 취할 수 있는데, '열린 공간'과 '닫힌 공간', 그리고 '평평한 공간'이 바로 그것이다.

휘어진 3차원 공간은 머릿속에 그리기가 쉽지 않다.* 에드윈 애벗

---

* 대부분의 물리학자들은 이것을 '쉽지 않다'고 표현하는데, 역자는 '불가능하다'고 주장하고 싶다. 자신은 '어렵게나마' 상상할 수 있지만, 독자들이 따라올 수 없기 때문에 설명을 생략한다는 말인가? 턱도 없는 소리다. 나는 이것을 머릿속에 제대로 그리는 사람을 만난 적도, 들어본 적도 없다-옮긴이

Edwin Abbott의 유명한 소설 『평평한 세계Flatland』에는 2차원 평면세계에서 살고 있는 2차원 생명체들이 등장하는데, 이들은 자신의 세계가 테이블처럼 평평한지, 아니면 구처럼 동그랗게 말려 있는지 모르는 채로 살아간다. 물론 이들보다 한 차원 높은 3차원의 어떤 생명체가 이들의 세계를 바라본다면 휘어진 정도를 한눈에 알 수 있을 것이다. 휘어진 3차원 공간에서 살고 있는 우리도 그들과 비슷한 처지이다. 게다가 휘어진 정도가 아주 작다면 일상생활 속에서 그 사실을 인지하기가 거의 불가능하다. 중세시대 사람들도 눈에 보이는 현상과 경험적 사실에 입각하여 지구가 평평하다고 믿었었다.

휘어진 3차원 우주는 그림으로 표현하기가 쉽지 않다. 닫힌 우주는 3차원 구면과 비슷한데, 이런 식으로 설명해봐야 독자들에게는 별로 와 닿지 않을 것이다. 그러나 닫힌 공간의 특성 중 일부는 쉽게 이해할 수 있다. 예를 들어 이런 공간에서 아주 먼 곳까지 내다볼 수 있다면 당신의 뒷모습이 보일 것이다.

이런 신기한 기하학적 구조는 그 자체만으로도 매우 흥미롭고 인상적이다. 그러나 여기에는 단순한 흥미 이상의 의미가 담겨 있다. 일반상대성이론에 의하면 물질(별, 은하 등)과 에너지, 그리고 신비의 암흑물질로 가득 찬 '닫힌 우주'는 먼 훗날 한 점으로 수축되어 빅크런치 Big Crunch를 맞이하게 된다. 이것은 마치 시간을 거꾸로 되돌려 빅뱅으로 돌아가는 것과 비슷하다. 반면에 '열린 우주'는 유한한 팽창속도를 유지하면서 영원히 팽창하고, '평평한 우주'는 팽창속도가 느려지긴 하지만 결코 팽창을 멈추지 않는다.

암흑물질의 양이 밝혀져서 우주에 존재하는 모든 질량을 알게 된다면, 다음의 오래된 질문에 답할 수 있다(최소한 엘리엇(T. S. Eliot, 1885~1965. 영국의 시인, 비평가, 극작가-옮긴이)만큼 오래된 질문이다) — 우주는 요란한 폭발로 끝날 것인가? 아니면 안으로 수축되면서 조용히 끝날 것인가? 암흑물질의 총량을 계산하려는 시도는 거의 50년 전부터 시작되었으며, 이것만으로 한 권의 책을 쓸 수 있을 정도로 사연도 많다. 나 역시 10여 년 전에 암흑물질을 주제로 『제5원소Quintessence』라는 책을 쓴 적이 있다. 그러나 앞으로 보게 되겠지만, 수천 마디의 말보다 하나의 그림이 훨씬 많은 내용을 담고 있다.

우주에서 중력으로 뭉친 가장 큰 천체는 초성단supercluster이다. 이것은 수천 개의 은하들로 이루어진 초대형 천체로서, 폭이 수천만 광년에 이른다. 우리 은하도 처녀자리 초성단virgo supercluster에 속해 있으며, 지구는 그 중심에서 무려 6천만 광년이나 떨어져 있다.

초성단은 규모와 질량이 엄청나게 크기 때문에, 주변에 있는 웬만한 천체들은 초성단의 중력에 끌려 그 일부로 통합된다. 그러므로 초성단의 질량과 전 우주에 분포되어 있는 초성단의 밀도를 알고 있으면 암흑물질을 포함한 '우주 전체의 질량'을 계산할 수 있다. 그리고 이 값을 일반상대성이론의 장방정식에 대입하면 우주가 닫혀 있는지, 또는 열려 있는지를 알 수 있다.

여기까지는 별문제가 없다. 그런데 수천만 광년이나 떨어져 있는 천체의 질량을 무슨 수로 알아낸다는 말인가? 다행히도 방법이 있다. 중력을 이용하면 된다.

1936년에 아인슈타인은 아마추어 천문학자인 루디 맨들Rudi Mandl의 간청에 못 이겨 「중력장 하에서 빛의 편향에 의한 별의 렌즈작용Lens-Like Action of a Star by the Deviation of Light in the Gravitational Field」이라는 짤막한 논문을 《사이언스Science》지에 발표했다. 여기서 아인슈타인은 공간 자체가 빛을 휘게 만들어서 마치 렌즈처럼 물체를 확대시켜 보여줄 수도 있다는 놀라운 사실을 지적했다.

아인슈타인은 활발한 연구와 논쟁으로 젊은 시절을 보냈지만, 1936년에는 이미 57세의 중년이었다. 그래서인지 이 논문은 친절하고 온화한 문체로 가득 차 있어서, '아마추어를 위한 아인슈타인 입문용'으로 읽을 만하다. 또한, 이 논문에는 다음과 같이 특이한 주석이 달려 있다. "얼마 전에 맨들R. W. Mandl이 나를 찾아와 최근에 내가 수행한 계산결과를 논문으로 발표하라고 권했다. 사실, 이 계산을 처음 권했던 사람도 맨들이었다. 이 주석에는 그의 염원이 반영되어 있다." 학술논문에 이런 사적인 내용을 적는 것은 극히 드문 일이다. 사람들은 저자가 아인슈타인이었기 때문에 가능했다고 말하지만, 나는 이것이 1930년대 과학계의 분위기를 반영한 결과라고 생각한다. 당시에는 과학적인 내용을 발표할 때 요즘처럼 틀에 박힌 딱딱한 말투를 사용하지 않았다.

어쨌거나 일반상대성이론에 의하면 질량이 있는 곳에서 공간이 휘어지고, 그 근처를 지나는 빛도 휘어진다. 앞서 말한 바와 같이 아인슈타인은 이 사실을 알아냄으로써 세계적인 명사가 되었다. 그런데 아인슈타인은 일반상대성이론을 완성하기 전인 1912년에 자신의 이론에 대한 실험적 증거를 제시하기 위해 1936년 논문과 거의 비슷한 계산을 수행한 적이 있다(이 사실은 최근에 알려졌다). 1936년 논문에는 "이 현상이 관측될 가능성은 그리 높지 않다"고 적어 놓았는데, 1912년의 계산 결과를 끝까지 발표하지 않은 것을 보면, 당시에도 동일한 결론에 이르렀을 것으로 추정된다. 1912년과 1936년에 작성된 아인슈타인의 연구 논문을 비교해 보면 자신이 24년 전에 동일한 계산을 수행했다는 사실을 잊고 있었던 것 같기도 하다.

아인슈타인이 두 번에 걸쳐 깨달았던 내용은 다음과 같다 ― 빛은 중력장의 영향을 받아 휘어진다. 따라서 밝은 천체(A)와 관측자(C) 사이의 공간에 적절한 질량의 다른 천체(B)가 놓여 있으면, A에서 방출

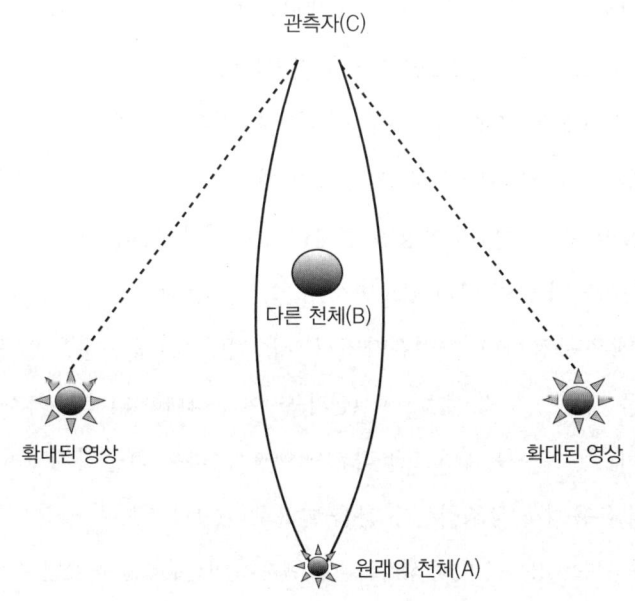

된 여러 가닥의 빛이 B 근처를 지나면서 휘어졌다가 C에서 다시 하나로 합쳐진다. 이것은 일반적인 렌즈에서 흔히 볼 수 있는 현상이다. 따라서 관측자 C의 눈에는 A가 확대되어 보이거나 여러 개로 보일 수도 있다(이들 중 일부는 상이 왜곡되어 보일 것이다. 그림 참조).

아인슈타인은 멀리 있는 천체의 영상이 중간에 있는 천체에 의해 영향을 받는 '중력렌즈효과'를 이론적으로 예견한 후 왜곡되는 정도를 직접 계산해보았다. 그런데 관측이 불가능할 정도로 작은 값이 얻어지는 바람에 "관측될 가능성이 거의 없다"고 적어 놓은 것이다. 이런 이유로 아인슈타인은 1936년 논문을 별로 중요하게 생각하지 않았다. 당시에 그가 《사이언스》지의 편집자에게 보낸 편지에는 다음과 같이 적혀 있다. "저의 논문을 게재해 주셔서 감사합니다. 사실 저는 맨들 씨의 강한 권유에 못 이겨 이 논문을 공개하게 되었습니다. 가치는 별로 없지만 흥미를 갖는 사람도 일부 있을 것입니다."

과연 그랬을까? 아니다. 아인슈타인은 천문학자가 아니었기에 이 부분에서 잘못된 판단을 내렸다. 그가 예견했던 중력렌즈효과는 관측이 가능할 뿐만 아니라 유용한 현상이기도 했다. 특히 하나의 별이 아니라 은하단과 같이 멀리 있으면서 규모가 큰 천체에 망원경 초점을 맞출 때 매우 유용하다. 아인슈타인이 《사이언스》지에 논문을 발표하고 한 달쯤 지났을 무렵, 칼텍Caltech(캘리포니아 공과대학)의 천문학자 프리츠 츠비키Fritz Zwicky는 《피지컬 리뷰Physical Review》라는 학술지에 중력렌즈효과의 유용성을 강조하는 논문을 발표했다(그리고 하나의 별이 아닌 은하를 관측하는 경우를 미처 생각하지 못했다며 아인슈타인을 은근히 깎아내렸다).

츠비키는 다소 성미가 급하긴 했지만, 시대를 한참 앞서 간 학자였다. 그는 1933년 초에 코마성단Coma cluster 안에 있는 은하들의 상대운동을 관측하다가 이상한 현상을 발견했다. 망원경으로 은하의 밀도를 파악한 후 뉴턴의 운동법칙을 적용하면 은하들 사이에 작용하는 중력을 계산할 수 있고, 성단의 모양이 유지되기 위해 최대한으로 허용되는 은하의 속도를 알 수 있다. 만일 속도가 이 값보다 빠르다면 성단은 산산이 흩어질 것이다. 그런데 놀랍게도 망원경에 잡힌 은하들은 한계값보다 훨씬 빠르게 움직이고 있었다. 이런 속도에서도 성단이 흩어지지 않으려면, 망원경으로 관측된 것보다 100배나 많은 질량이 성단 안에 존재해야 했다. 그러므로 엄밀하게 따진다면 암흑물질의 징후를 처음 발견한 사람은 베라 루빈이 아니라 프리츠 츠비키였다. 그러나 당시의 천문학자들은 이 현상을 상식적인 수준에서 설명하려고 노력했다.

츠비키는 1937년에 발표한 또 한 편의 논문에서 중력렌즈효과의 세 가지 사용법을 제안했다. (1)일반상대성이론을 검증한다. (2)중간에 있는 은하를 일종의 망원경을 이용하여 정상적인 방법으로는 볼 수 없는 원거리 천체의 영상을 확대한다. (3)성단이 망원경을 통해 보이는 것보다 훨씬 많은 질량을 갖고 있는 이유를 추적한다. "성운의 질량을 가장 직접적으로 측정하는 방법은 그 근저를 지나는 빛의 휘어지는 정도를 관측하는 것이다. 또한, 이 값으로부터 위에 언급한 '보이지 않는 질량'을 추적할 수 있다."

츠비키의 논문은 75년이 지난 지금까지도 중력렌즈효과를 이용한

관측의 바이블로 남아 있다. 그가 제안했던 모든 아이디어는 다른 천문학자들에 의해 대부분 실행되었으며, 한결같이 중요한 결과를 낳았다. 1987년에 천문학자들은 중간에 놓인 은하의 중력렌즈효과를 이용하여 멀리 있는 퀘이사quasar(준항성체)를 처음으로 관측했고, 1998년에는 대형성단의 질량을 측정하는 데 성공했다.

　1998년에 벨연구소의 토니 타이슨Tony Tyson과 그의 동료들은 50억 광년 거리에 있는 대형성단 CL 0024＋1654를 관측하는 데 성공했다(벨연구소는 트랜지스터를 비롯하여 우주배경복사에 이르기까지 수많은 과학적 발견을 이루어낸 세계 최고수준의 연구소로서, 여러 명의 노벨상 수상자를 배출했다). 위의 사진은 허블 우주망원경이 CL 0024＋1654 성단 뒤쪽으로 50억 광년 더 떨어져 있는 은하를 촬영한 것인데(지구와의 거리＝100억 광년), 동일한 은하의 상이 여러 곳에 맺혀 있을 뿐만 아니라, 둥그런 은하가 일그러지거나 길게 왜곡되어 있다.

이 사진은 우리의 상상력을 크게 자극한다. 사진에 나타난 모든 점들은 별이 아니라 은하이다. 개개의 은하들은 1천억 개의 별들로 구성되어 있으며, 행성은 수천억 개에 달할 것으로 추정된다. 개중에는 오래전에 사라진 문명을 간직한 행성도 있을 것이다. 굳이 '사라졌다'고 표현하는 이유는 이 사진이 50억 년 전의 모습을 담고 있기 때문이다. 우리의 태양과 지구는 45억 년 전에 탄생했으므로, 앞의 사진은 태양계가 형성되기 5억 년 전 우주의 모습이다. 사진에 찍힌 은하 속의 별들 중 상당수는 이미 수십 억 년 전에 핵융합 원료가 고갈되어 수명을 다했을 것이다. 게다가 이 사진은 츠비키가 예견했던 '왜곡된 영상'을 그대로 보여주고 있다. 사진의 왼쪽 윗부분에 있는 기다란 영상은 은하가 확대된 모습인데, 중력렌즈효과가 없었다면 망원경으로도 볼 수 없을 정도로 먼 거리에 있는 은하이다.

이 사진으로부터 성단의 모든 질량을 계산하는 것은 수학적으로 매우 복잡하고 어려운 과제이다. 타이슨은 이 계산을 수행하기 위해 우선 컴퓨터로 성단의 모형을 제작했다. 그리고 광원에서 나오는 빛줄기의 모든 가능한 경로를 추적한 후, 여기에 일반상대성이론을 적용하여 관측결과와 가장 정확하게 일치하는 경로를 찾아냈다. 이런 식으로 복잡한 중간과정을 거친 후, 원래 사진으로부터 성단의 질량분포를 나타내는 3차원 그래프를 얻어내는 데 성공했다(다음 페이지 참조).

그런데 이 그래프에는 무언가 이상한 점이 있다. 뾰족하게 솟은 부분은 눈에 보이는 은하의 위치에 해당하는데, 은하와 은하 사이의 빈 공간에도 질량이 존재하는 것으로 나타나 있다(즉, 뾰족한 지점들 사이의

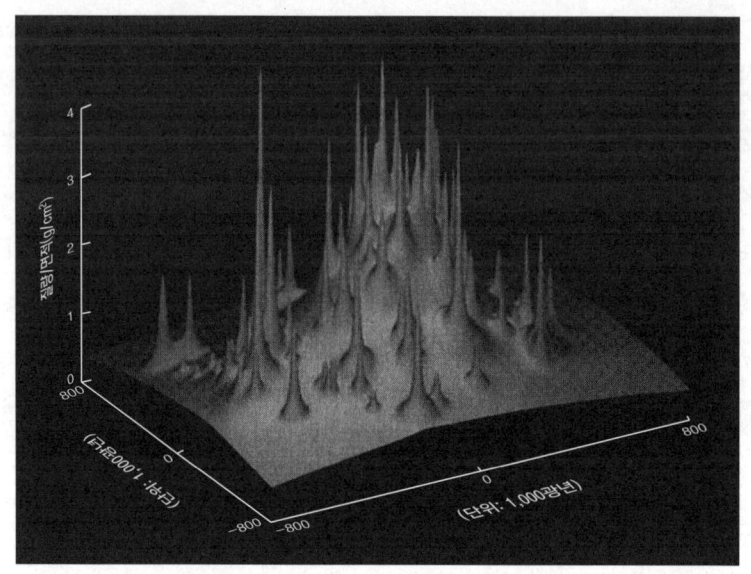

질량값이 0이 아니다!). 그뿐만이 아니다. 이 성단의 대부분의 질량은 은하가 아니라 은하들 사이에 분포되어 있다. 구체적인 값을 계산해 보면 은하들 사이의 공간에 분포된 질량은 눈에 보이는 천체의 질량을 모두 합한 것보다 40배 이상 크다. 즉, 암흑물질은 은하의 내부에 속박되어 있지 않고 은하단 전체에 걸쳐 골고루 분포되어 있으며, 전체 질량의 대부분을 차지하고 있다.

나와 같은 입자물리학자들은 "암흑물질이 성단의 대부분을 차지하고 있다"고 해도 별로 놀라지 않는다. 우리는 직접적인 증거가 전혀 없어도, 암흑물질이 충분히 많아서 우주가 평평한 상태로 유지되기를 기대하고 있다. 이렇게 되려면 암흑물질은 눈에 보이는 질량보다 100배 이상 많아야 한다.

그 이유는 간단하다. 수학적으로 가장 아름다운 우주는 '평평한 우주'이기 때문이다. 평평한 우주는 가장 조화로운 상태에 있다.

우주가 평평할 정도로 암흑물질이 충분하건, 또는 그렇지 않건 간에, 지금까지 얻어진 천문관측결과를 종합해 보면(물론 중력렌즈효과가 나타난다는 것은 그 일대의 공간이 휘어져 있음을 의미한다. 그러나 공간의 일부가 왜곡되어 있어도 우주 전체는 평균적으로 평평할 수 있다), 은하와 성단에 존재하는 암흑물질의 총량이 빅뱅 때 핵 합성으로 만들어진 물질의 양보다 훨씬 많다는 결론이 얻어진다. 그래서 천문학자들은 암흑물질이 지구에서 발견되는 일상적인 물질과 완전히 다른 새로운 물질이라고 굳게 믿고 있다(이것은 다른 분야에서 관측한 다양한 천문자료를 종합하여 내려진 결론이다). 암흑물질은 별이나 지구의 구성성분이 아닌, 전혀 다른 '그 무엇'이다!

우리 은하에서 암흑물질의 존재가 처음 예견된 후로 실험물리학에서 다양한 분야가 탄생했고, 나 역시 그 분야에 투신하여 약간의 기여를 해 왔다. 앞에서 언급한 대로 암흑물질을 구성하는 입자는 우리 주변에 널려 있다. 내가 문서를 작성하고 있는 내 방에서 우주 저편에 이르기까지, 모든 공간에 골고루 존재한다. 그러므로 암흑물질의 구성입자(또는 여러 입자들)를 찾는 실험은 다양한 형태로 진행될 수 있다.

현재 광산과 터널 속에서 여러 가지 실험이 진행 중이다. 그런데 왜 하필 땅속일까? 지구 표면에서는 태양이나 더 멀리 있는 천체로부터 날아온 우주선(宇宙線, cosmic ray)이 소나기처럼 쏟아져 내리면서 정밀 관측을 방해하고 있기 때문이다. 암흑물질은 전자기장과 상호작용을 하지 않기 때문에(즉, 빛을 발하지 않기 때문에) 직접 관측할 수는 없다. 또한, 이들이 일상적인 물질과 다른 상호작용을 한다 해도 그 강도가 매우 약할 것이므로 관측하기가 매우 어렵다. 암흑물질이 다른 입자와 상호작용을 거의 하지 않는다는 것은 우리 몸에 수백만 개의 암흑입자가 쏟아져도 아무렇지 않게 관통한다는 뜻이다. 이들은 사람의 몸뿐만 아니라 지구까지도 가볍게 관통할 것이다. 우리의 희망 사항은 암흑입자가 '아주 드물게' 일상적인 원자와 충돌하여 되튀는 사건을 관측하는 것이다. 이것은 극히 드물게 일어나는 사건이기 때문에, 약간의 방해만 있어도 잡아내기 어렵다. 그래서 우주선의 방해를 피해 지하에서 실험이 진행되고 있는 것이다.

이 책을 집필하던 중 방금 흥미로운 뉴스를 들었다. 스위스 제네바에 있는 세계 최대의 강입자가속기Large Hadron Collider, LHC가 드디어 가동에 들어갔다고 한다. 이로써 우리에게는 암흑물질을 찾아내는 또 하나의 수단이 주어진 셈이다. 강입자가속기 안에서 고에너지 양성자빔이 서로 충돌하면 아주 작은 영역에서 초기우주와 비슷한 환경이 만들어진다. 즉, 지금의 암흑물질을 탄생시켰던 상호작용이 발생하여 암흑입자와 비슷한 입자가 강입자가속기 안에서 만들어질 수도 있다! 그래서 지금 두 실험팀은 치열한 경쟁을 벌이는 중이다. 지하실험과 강입자가속기 중 어느 쪽이 먼저 암흑물질을 발견할 것인가? 결과는 두고 봐야 알겠지만, 어느 쪽이 이겨도 패자는 없다. 물질의 궁극적인 구성 성분을 알아냈다는 점에서 모두가 승자이기 때문이다.

앞에서 말한 천체물리학적 관측이 성공한다 해도, 암흑물질의 특성을 알 수는 없다. 이 실험은 오직 암흑물질의 양을 말해줄 뿐이다. 우주에 존재하는 물질의 총량은 중력렌즈효과를 이용한 관측과 성단에서 방출되는 X-선 관측을 통해 밝혀질 것이다. 성단의 총질량은 몇 가지 다른 방법으로 결정할 수 있다. 예를 들어 성단 속에서 X-선을 방출하는 기체의 온도는 성단의 총질량과 밀접하게 관련되어 있다. 그런데 이 방법으로 얻은 결과는 놀라우면서도 다소 실망스러웠다. 은하와 성단의 질량이 '평평한 우주가 되기 위해 필요한 질량'의 30%에 불과했던 것이다(그래도 이 값은 눈에 보이는 물질의 40배가 넘는다. 즉, 눈에 보이는 물질은 평평한 우주가 되기 위해 요구되는 질량의 1%도 되지 않는다는 뜻이다).

아인슈타인이 별로 대수롭지 않게 여겼던 '1936년 논문'은 현대천문학의 수수께끼를 푸는 열쇠가 되었다. 그가 살아서 이 뉴스를 들었다면 매우 기뻐했을 것이다. 아인슈타인이 세상을 떠난 후로 실험 및 관측도구가 혁명적으로 발전했고, 새로운 이론이 등장하면서 천문학의 판도가 크게 바뀌었다. 그러나 미래의 어느 날 암흑물질이 발견된다면, 아인슈타인의 '작은 발걸음'은 '커다란 도약'으로 판명될 것이다. 지난 1990년대 초에 천문학자들은 우주론의 성배를 찾아냈다. 꾸준한 관측을 통해 우리가 '열린 우주'에 살고 있다는 사실을 알아낸 것이다. 결국 우리의 우주는 영원히 팽창하는 우주였다. 글쎄…… 과연 그럴까!

3장 태초의 빛

그것은 처음에 그랬듯이 지금도 그렇고, 앞으로도 그
럴 것이다.

—영광의 찬가(Gloria Patri) 중에서

물리학자와 우주론학자들에게 주어진 커다란 숙제 중 하나는 관측
을 통해 우주에 존재하는 모든 질량을 알아낸 후, 이 값을 일반상대성
이론의 장방정식에 대입하여 우주공간의 곡률curvature(휘어진 정도)을 알
아내는 것이다. 그러나 여기에는 심각한 문제가 도사리고 있다. 눈에
보이지 않는 물질이 끝내 발견되지 않을 수도 있기 때문이다. 예를 들
어 은하나 성단처럼 눈에 보이는 대상에 중력법칙을 적용하여 물질(일
상적인 물질과 암흑물질)의 총량을 알아냈는데, 대부분의 질량이 눈에
보이지 않는 곳에 숨어 있다면 문제를 해결했다는 느낌이 전혀 들지 않
을 것이다. 그보다는 차라리 관측 가능한 우주공간의 곡률을 직접 관측
하는 편이 훨씬 낫다.

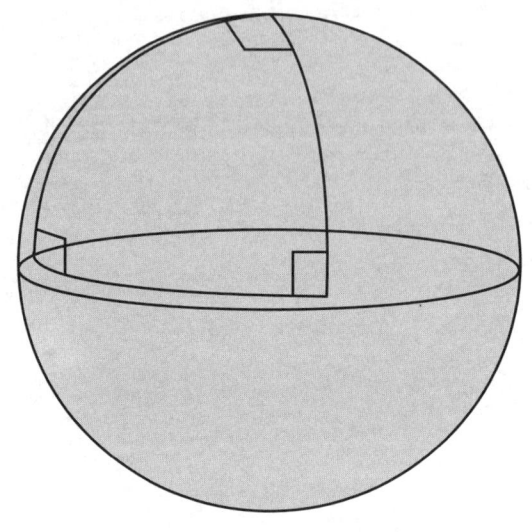

그런데 우주 전체의 3차원 기하학적 구조를 어떻게 관측해야 하는가? 우선 간단한 질문에서 시작해 보자. 지구를 돌아다닐 수도 없고, 인공위성을 타고 위로 올라가서 내려다볼 수도 없다면, 지구가 둥글다는 것을 어떻게 알 수 있을까?

일단, 고등학생에게 삼각형 내각의 합이 얼마인지 물어보라(단, 학교를 잘 선택해야 한다. 될 수 있으면 유럽학생에게 물어볼 것을 권한다). 학생들은 평면기하학을 배웠을 것이므로, 공부를 제대로 한 학생이라면 180도라고 대답할 것이다. 그러나 구의 표면과 같이 휘어진 곡면에 삼각형을 그리면 내각의 합이 180도보다 커진다. 예를 들어 구면의 적도를 따라 직선을 그린 후 한쪽 끝에서 직각방향으로 직선을 그리면 북극점에 도달한다. 여기서 방향을 90도 틀어 적도를 향해 또 하나의 직선을 그리면 처음에 그린 직선(적도방향으로 그린 직선)과 만나면서 뚱뚱

한 삼각형이 만들어진다. 그러나 엄연히 세 개의 직선으로 이루어진 도형이므로 삼각형이라는 데에는 의심의 여지가 없다. 그런데 내각의 합은 어떤가? 세 개의 각이 모두 90도이므로 90×3＝270도이다!

위에서 든 사례는 2차원이지만(아무리 복잡하게 휘어져 있어도 모든 면은 2차원이다-옮긴이), 3차원에도 동일한 논리가 적용된다. 평평하지 않은 면에 적용되는 기하학, 즉 곡면기하학을 처음 고안했던 수학자들은 3차원에서도 동일한 가능성이 존재한다는 사실을 잘 알고 있었다. 19세기에 가장 유명했던 수학자 칼 프리드리히 가우스Carl Friedrich Gauss는 우리의 우주가 휘어져 있을 수도 있다는 가능성을 발견하고 흥분을 감추지 못했다. 그는 1820~1830년대에 작성된 측지 데이터에 기초하여 독일의 호헤르 하겐Hoher Hagen과 인젤베르크Inselberg, 그리고 브로켄Brocken에 있는 세 개의 산봉우리를 기준 삼아 공간의 곡률을 계산했다. 물론 이런 산들은 지구라는 곡면 위에 놓여 있기 때문에, 공간이 휘어 있지 않더라도 삼각형 내각의 합은 180도보다 크다. 즉, 배경공간이 휘어져 있다 해도 지구 구면에 의한 효과가 섞여서 정확한 값을 알아내기가 쉽지 않다. 가우스는 이 사실을 잘 알고 있었을 것이므로, 관측값에서 구면에 의한 효과를 제거하고 남은 값이 배경공간의 곡률이라고 생각했을 것이다.

공간의 곡률을 최초로 정확하게 측정한 사람은 러시아의 비밀스러운 수학자 니콜라이 이바노비치 로바체프스키Nikolai Ivanovich Lobachevsky였다. 그는 가우스와 달리 대담하게도 쌍곡기하학hyperbolic curved geometry의 가능성을 공식적으로 발표한 두 명의 수학자 중 한 사람이었다. 쌍곡기하학적 곡면에서 두 개의 평행선은 무한대로 멀어지며, 삼각형 내각의 합은 180도보다 작다(이런 곡면은 '음의 곡률'을 가지며, 곡률이 음수인 우주는 '열려 있는 우주'이다). 로바체프스키는 1830년에 쌍곡기하학에 관한 논문을 학술지에 발표하여 사람들을 놀라게 했다.

그로부터 얼마 지나지 않아 로바체프스키는 "별을 대상으로 삼각형의 각도를 측정하면 우주의 곡률을 알아낼 수 있다"고 주장하여 사람들을 또 한 번 놀라게 했다. 밤하늘에서 가장 밝은 별인 시리우스Sirius와 태양을 중심으로 대척점에 놓인 지구의 두 위치(6개월 간격)로 삼각형을 만들어서 측정하면 우주의 곡률을 알 수 있다는 것이다. 그는 직접 관측을 시도한 끝에 우주공간의 곡률이 '적어도 지구 공전반지름의 166,000배 이상'이라고 결론지었다.

숫자만 놓고 보면 제법 큰 것 같지만, 우주적 스케일에서 보면 거의 0이나 마찬가지다. 로바체프스키의 생각은 옳았지만, 불행히도 당시에는 관측장비가 부실하여 그의 아이디어를 입증하지 못했다. 그러나 그로부터 150년이 지난 후, 우주론은 새로운 혁명을 맞이하게 된다. 이론적으로만 예견되었던 마이크로파 우주배경복사cosmic microwave background radiation, CMBR가 관측을 통해 실제로 발견된 것이다.

우주배경복사는 빅뱅이 남긴 빛의 잔해로서, 빅뱅이 실제로 일어났음을 입증하는 또 하나의 사례이다. 우주배경복사를 통해 탄생 초기의 뜨거웠던 우주를 직접 관측할 수 있기 때문이다. 빅뱅이 일어나지 않았다면 태고의 열기가 지금까지 남아 있는 이유를 달리 설명할 방법이 없다.

우주배경복사는 학술적인 내용 외에도 많은 이야깃거리를 가지고 있다. 그중에서도 가장 흥미로운 사연은 1965년에 뉴저지에서 두 명의 과학자가 전파망원경을 수리하다가 우연히 우주배경복사를 발견했다는 것이다(이들의 원래 목적은 망원경에 나타나는 정체불명의 잡음을 제거하는 것이었다). 사실 우주배경복사는 이들에게 발견되기 수십 년 전부터 사람들의 코앞에 널려 있었으나, 아무도 그 존재를 알아채지 못했다. 40대 이상의 독자들은 케이블 TV 이전 시대에 방송국 송출이 중단되거나 방송이 할당되지 않은 채널에 TV를 맞췄을 때 화면에 나타나는 부징형 패턴을 본 기억이 있을 것이다. 이 신호들 중 약 1퍼센트는 빅뱅의 잔해인 우주배경복사였다. 그러니까 TV를 보유한 가정에서는 천문학자들이 그토록 애타게 찾던 우주배경복사를 안방에서 '맨눈으로' 보고 있었던 셈이다.

우주배경복사의 근원을 찾는 것은 그리 어렵지 않다. 멀리 있는 천체일수록 그곳에서 방출된 빛이 지구까지 도달하는 데 오랜 시간이 걸리기 때문에, 망원경으로 먼 곳까지 본다는 것은 그만큼 먼 과거의 모습을 본다는 뜻이다. 그런데 우주의 나이는 유한하므로(137억 2천만 년), 초고성능 망원경으로 아주 먼 곳까지 볼 수 있다면 충분히 과거로 돌아가 빅뱅을 관측할 수 있을 것 같다. 과연 그럴까? 원리적으로는 가능하다. 그러나 실제로는 초기우주와 우리 사이에 넘을 수 없는 벽이 가로막고 있다. 물론 여기서 말하는 벽은 방을 외부로부터 차단해 주는 진짜 벽과 의미가 다르지만, 결과적으로는 동일한 효과를 발휘한다.

방안에 있는 내가 벽 너머의 풍경을 볼 수 없는 이유는 벽이 불투명하기 때문이다. 벽은 빛을 통과시키지 않고 흡수한다. 이제 밖으로 나와 망원경으로 천체를 관측하면 멀리 있는 천체일수록 먼 과거의 모습을 보고 있는 셈이며, 과거로 거슬러갈수록 천체의 온도는 뜨거워진다. 모든 천체는 빅뱅 이후로 꾸준히 식어왔기 때문이다. 이제 망원경의 성능이 아주 뛰어나서 빅뱅 후 30만 년까지 거슬러갔다고 가정하자. 당시 우주의 온도는 약 3,000K였다(절대온도 0K는 섭씨 −273도이므로, 3,000K는 섭씨 2,727도이다. 온도가 수만 도 이상이면 절대온도와 섭씨온도를 구별하는 것이 별 의미가 없다-옮긴이). 이 온도에서는 복사가 너무 강렬하여 우주에서 가장 흔한 수소는 원자상태로 존재하지 못하고 양성자와 전자로 분리된다. 이보다 전에는 중성물질(원자나 분자)이라는 것이 아예 존재하지 않았었다. 이 무렵에는 훗날 일상적인 물질을 이루게 될 핵자(양성자와 중성자)와 전자들이 각자 전하를 띤 채(단, 중성자는 전하가 없다) 분리되어 있는 '플라즈마plasma'상태로 존재했다.

그런데 플라즈마는 복사radiation를 통과시키지 않는다. 플라즈마 안에 들어 있는 하전입자는 광자를 흡수했다가 다시 방출하기 때문에, 복사는 플라즈마를 쉽게 통과할 수 없다. 따라서 망원경의 성능이 아무리 뛰어나도 모든 물질이 플라즈마 상태로 존재했던 과거까지 볼 수는 없다. 플라즈마는 방을 에워싸고 있는 벽과 비슷하다. 내가 벽을 볼 수 있는 이유는 벽의 표면을 이루고 있는 원자들 속의 전자가 방안의 조명에서 방출된 빛을 흡수했다가 다시 방출했고, 벽과 나 사이에 있는 공기가 투명하여 벽에서 방출된 빛이 내 눈에 도달했기 때문이다. 우주의 경우도 마찬가지다. 우주공간을 바라보면 우주에 중성원자가 탄생하기 직전인 '최후산란표면$^{last scattering surface}$'까지만 볼 수 있다. 그 후로 양성자와 전자가 서로 결합하여 수소 원자가 만들어졌고, 우주는 비로소 투명해지기 시작했다. 즉, 최후산란표면은 우리가 되돌아볼 수 있는 과거의 한계점인 셈이다.

그러므로 빅뱅이론이 맞는다면 최후산란표면에서 방출된 복사가 모든 방향에서 우리를 향해 날아오고 있어야 한다. 빅뱅 후 30만 년부터 지금까지 우주는 약 1,000배 정도 팽창했으므로, 복사가 공간을 가로질러 우리에게 오는 동안 거의 3K(섭씨 −270도)까지 식었을 것으로 추정된다. 1965년에 뉴저지의 두 과학자가 발견했던 신호가 바로 이 온도에 해당하는 복사였다. 훗날 두 사람은 이 공로를 인정받아 공동으로 노벨상을 수상했다.*

우주배경복사와 관련하여 두 번째로 시상된 노벨상은 첫 번째 경우보다 적절한 사람에게 돌아갔다. 만일 우리가 사진기로 최후산란표면을 촬영한다면, 거기에는 출생 후 갓 30만 년이 지난 아기우주의 모습이 담겨 있을 것이다. 이 사진에는 훗날 은하와 별, 행성, 외계인 등을 형성하게 될 모든 기본구조가 담겨 있다. 그리고 무엇보다 중요한 것은 이 구조들이 그 후에 일어난 역학적 진화과정(이 과정은 우주 초기에 물질에 가해진 미세한 요동이나 빅뱅의 순간에 탄생한 에너지를 보이지 않게 가

---

* 저자는 두 과학자의 이름을 밝힐 생각이 없는 모양이다. 정황을 이 정도로 자세하게 설명해 놓고도 굳이 이름을 언급하지 않는 데에는 그럴 만한 이유가 있겠으나, 교양과학서의 제1계명은 '정보의 전달'이라고 생각하는 바, 역자는 그들이 아노 펜지어스(Arno Penzias)와 로버트 윌슨(Robert Wilson)임을 밝히고 넘어가는 바이다─옮긴이

릴 수도 있다)에 영향을 받지 않고 그대로 남아 있다는 점이다.

여기서 우리는 최후산란표면에 남아 있는 시간의 흔적을 눈여겨볼 필요가 있다. 지구에 있는 관측자가 볼 때 1도의 시야각은 '최후산란표면'에서 약 30만 광년의 거리(폭)에 해당한다(오른쪽 그림 참조). 그런데 최후산란표면은 우주의 나이가 30만 년일 때의 시간이 반영되어 있고, 아인슈타인의 특수상대성이론에 의하면 어떤 정보도 빛보다 빠르게 전달될 수 없으므로, 빅뱅 후 30만 년 당시에는 이 표면상의 한 지점에서 출발한 어떤 정보도 표면을 따라 30만 광년 이상 진행하지 못했을 것이다.

이제 폭이 30만 광년보다 작은 한 덩어리의 물질을 생각해 보자. 이런 덩어리는 자체중력에 의해 이미 붕괴가 시작되었다. 그러나 폭이 30만 광년보다 넓은 물질 덩어리는 이 시점(빅뱅 후 30만 년)이 되어도 아직 붕괴가 시작되지 않았다. 왜냐하면, 이들은 자신이 덩어리라는 사실조차 아직 '모르고 있기' 때문이다. 중력은 빛의 속도로 전달되기 때문에, 빅뱅 후 30만 년이 지난 시점에는 아직 (폭이 30만 광년 이상인) 덩어리 전체에 전달되지 않았다. 로드러너^{Road Runner}라는 만화에서 코요테가 로드러너를 정신없이 쫓아가다가 절벽을 지나 허공에 떴을 때 잠시 동안 그 자세로 멈춰 있다가 떨어지는 것처럼, 물질 덩어리는 덩어리 전체에 중력이 전달될 때까지 기다렸다가 우주의 나이가 그 시점(중력이 덩어리 전체에 전달되는 시점)에 이르면 비로소 붕괴되기 시작한다!

이로부터 우리는 하나의 특별한 삼각형영역을 골라낼 수 있다. 삼각형 밑변의 길이는 30만 광년이고, 옆변의 길이는 최후산란표면과 지

구 사이의 거리에 해당한다. 이것을 그림으로 표현하면 아래 그림과 같
다.

　가장 큰 물질 덩어리는 이미 붕괴가 시작되어 장차 마이크로파 배
경복사의 영상에 불규칙한 무늬로 남을 것이다. 이 덩어리는 아래 그림
에 제시된 시야각에 걸쳐 존재한다. 만일 우리가 이 시간대(빅뱅 후 30
만 년)에서 산란표면을 볼 수 있다면, 이 뜨거운 반점들은 평균적으로
가장 큰 덩어리가 남긴 흔적일 것이다.

　그러나 이 거리에서 1도의 각도로 커버되는 영역(아래 그림에서 d에
해당하는 값)은 우주의 기하학적 구조에 따라 달라진다. 평평한 우주에
서 빛은 직선을 따라 진행하지만, 열린 우주에서는 시간을 거슬러갈수
록 빛은 바깥쪽으로 휘어지고, 닫힌 우주에서는 과거로 갈수록 두 빛줄
기 사이의 거리가 점점 가까워진다. 그러므로 최후산란표면에서 30만

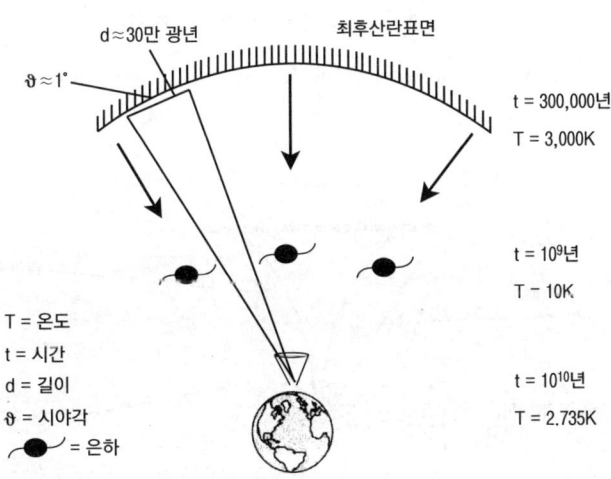

광년의 폭을 커버하는 시야각은 아래 그림과 같이 세 가지 경우로 나뉘어진다.

이 사실을 이용하면 우주의 기하학적 구조를 직접 확인할 수 있다. 마이크로파 우주배경복사를 찍은 사진에서 가장 큰 뜨거운(또는 차가운) 반점의 크기는 인과관계에 의해 좌우되며(중력은 빛의 속도로 전달되기 때문에, 빅뱅 후 30만 년이 지난 시점에서 붕괴될 수 있는 가장 큰 영역은 그 시기에 빛이 도달할 수 있는 가장 먼 거리에 의해 결정된다), 지구로부터 특정 거리에 있는 최후산란표면 중 특정 시야각 안에 들어오는 영역의 크기는 우주공간의 곡률에 따라 달라지므로, 최후산란표면을 찍은 사진만 주어진다면 거시적 스케일에서 시공간의 기하학적 구조를 알아낼 수 있다.

이 관측은 1997년에 남극에서 커다란 풍선를 띄워 보내는 것으로 시작되었다. 프로젝트의 공식 명칭은 '부메랑BOOMERANG'이었는데, 굳이 이런 이름으로 부른 데에는 그럴 만한 이유가 있다(부메랑은 Balloon Observations of Millimetric Extragalactic Radiation and Geophysics의 약자이다).

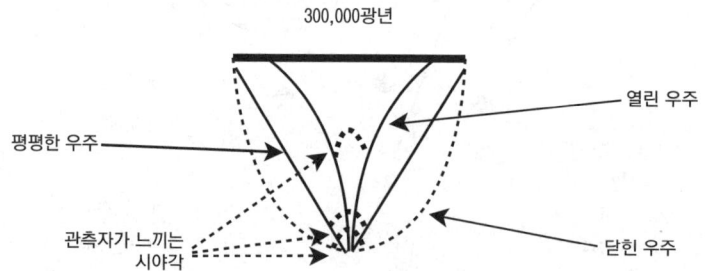

남극기지에서 띄워 올린 이 풍선에는 마이크로파 복사를 측정하는 복사계가 장착되어 있었다(아래 사진 참조).

풍선은 전 세계를 한 바퀴 돌 예정이었는데, 남극기지에서는 이 작업을 아주 쉽게 수행할 수 있다. 이론적으로는 남극점이 가장 이상적인 지점이다. 남극점에서는 가만히 서서 한 바퀴 돌기만 하면 모든 방향을 둘러볼 수 있기 때문이다. 그러나 현실적인 사정을 고려하여 관측용 풍선은 남극점에서 다소 벗어난 맥머도기지McMurdo Station(남극대륙에 있는 미국의 관측기지–옮긴이)에서 출발했고, 남극풍을 받아 대륙을 한 바퀴 도는 데 2주가 소요되었다. 어쨌거나 이 풍선은 관측을 끝낸 후 출발지점으로 되돌아와야 했기 때문에 '부메랑'으로 불리게 된 것이다.

풍선의 임무는 간단하다. 우주공간에서 마이크로파 배경복사의 온도는 3K(섭씨 −270도)에 가까운데, 지구 근처에서는 지구 자체의 열 때문에 온도가 많이 올라간 상태이다(남극지방이 춥긴 하지만, 마이크로파

배경복사에 비하면 거의 200도 이상 뜨겁다). 그러므로 배경복사를 정확하게 측정하려면 가능한 한 지구로부터 멀리 떨어진 곳으로 나가야 한다. 물론 인공위성을 띄우면 지구대기의 영향을 받지 않고 우주배경복사를 측정할 수 있지만, 높은 고도에서 활공 가능한 풍선을 사용하면 비용을 크게 절약하면서 거의 비슷한 결과를 얻을 수 있다.

어쨌거나 부메랑은 2주 후에 기지로 돌아왔고, 관측장비 속에는 최후산란표면에서 날아온 복사의 일부가 뜨겁고 차가운 반점의 형태로 저장되어 있었다. 오른쪽 그림은 부메랑이 관측한 우주배경복사를 남극기지 근처의 하늘에 표현한 것이다(뜨거운 반점은 어둡게, 차가운 반점은 밝게 표현되어 있다).

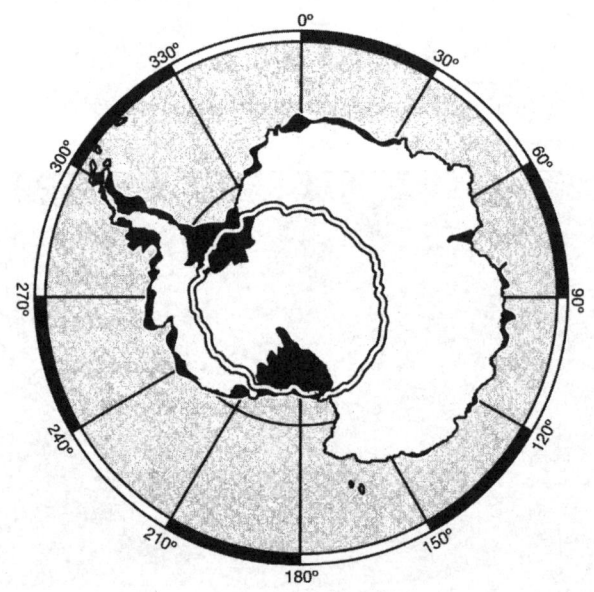

남극대륙을 순회한 부메랑의 여정

이 그림에는 부메랑이 하늘에서 관측한 차갑고 뜨거운 반점들이 실제 스케일로 그려져 있어서, 우리에게 익숙한 풍경(기지, 풍선, 트랙터 등)과 크기를 직접 비교할 수 있다. 그러나 나는 이 그림을 볼 때마다 인간의 눈이 얼마나 근시안적인지를 실감하곤 한다. 대낮의 하늘이 앞 페이지의 사진(본문 93페이지)처럼 푸르게 보이는 이유는 인간의 눈이 가시광선만 볼 수 있도록 진화했기 때문이다. 우리 눈에 보이는 빛은 소위 말하는 '가시광선'으로 한정되어 있는데, 그 이유를 굳이 찾는다면 태양에서 방출되는 빛 중 가시광선이 가장 강하기 때문이며, 다른 파장대의 빛은 대기 중에서 대부분 흡수되어 지구표면에 도달하지 않기 때

문이다(가시광선 영역 바깥에 있는 복사(빛)는 대부분 우리 몸에 해로우므로, 매우 다행스러운 일이 아닐 수 없다!). 만일 우리의 눈이 마이크로파를 보는 쪽으로 진화했다면, 낮이나 밤이나 하늘에는 (태양을 직접 바라보지 않는다면) 130억 년도 더 된 최후산란표면의 모습이 선명하게 보일 것이다. 이것이 바로 부메랑 관측기가 찍은 영상이다.

부메랑의 첫 비행은 거의 기적에 가까울 정도로 운이 좋았다. 남극 대륙의 환경은 매우 혹독한 데다가 예측하기도 쉽지 않다. 2003년에 실행된 두 번째 비행에서는 풍선이 오작동을 일으키고 폭풍까지 부는 바람에 대부분의 장비를 거의 잃어버릴 뻔했다. 연구원들은 마지막 몇 분을 남겨 놓고 풍선과 연결된 끈을 과감하게 자른 후 남극평원을 이 잡듯이 뒤져서 관측데이터가 들어 있는 고압용기를 극적으로 찾아냈다.

부메랑이 촬영한 데이터를 분석하기 전에, 다시 한번 강조하고 넘어갈 것이 있다. 부메랑이 촬영한 영상에서 뜨거운 반점과 차가운 반점의 '실제 크기'는 최후산란표면의 물리적 특성에 의해 좌우되는 반면, '측정된 크기'는 공간의 기하학적 구조에 따라 달라진다는 것이다. 공간을 2차원으로 줄여서 생각하면 문제가 좀 더 쉬워진다. 2차원의 세

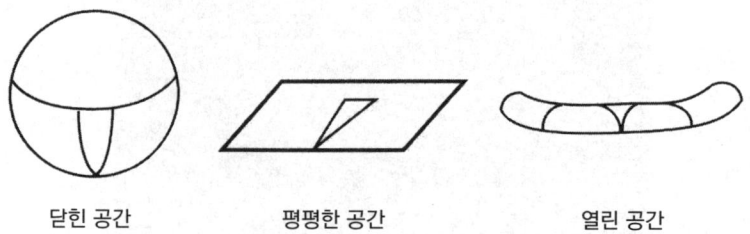

닫힌 공간   평평한 공간   열린 공간

096

계에서 '닫힌 공간'이란 구의 표면과 비슷하며, '열린 공간'은 안장의 표
면과 비슷하다. 이런 곡면 위에 삼각형을 그려서 내각의 합을 구해 보
면 차이를 확실하게 알 수 있다. 구면 위에 그린 직선들은 모두 한 점으
로 모이고, 안장에 그린 직선들은 넓게 퍼진다. 물론 평면 위의 직선들
은 항상 일정한 방향을 유지한다.

이제 백만 불짜리 질문을 던져 보자. "부메랑 영상에서 뜨거운 반점
과 차가운 반점의 크기는 얼마나 되는가?" 부메랑 연구진들은 이 질문
의 답을 찾기 위해 열린 우주와 닫힌 우주, 그리고 평평한 우주의 뜨겁
고 차가운 반점 분포도를 컴퓨터로 만들어낸 후, 관측을 통해 얻은 마
이크로파 배경복사의 분포를 이들과 비교했다.

그림 왼쪽 아래에 있는 닫힌 우주(컴퓨터가 만든 영상)에서 반점의

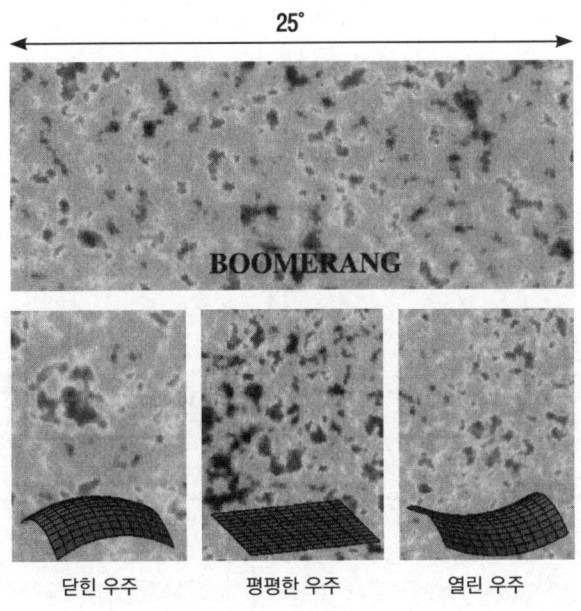

평균 크기는 실제 영상보다 크고, 오른쪽 아래의 열린 우주에서는 실제 영상보다 작다. 반면에 중간에 있는 평평한 우주는 마치 골디락 Goldilock(『골디락과 곰 세 마리』라는 동화에 등장하는 소녀. 아빠 곰, 엄마 곰, 아기 곰이 사는 집에 몰래 들어가서 여러 가지 일을 겪는다−옮긴이)에 나오는 아기 곰의 침대처럼 "적당하게 맞는다". 이것은 은하단의 질량을 추정하여 얻은 결과와 상충되지만, 이론학자들의 바람대로 '수학적으로 가장 아름다운 우주(평평한 우주)'가 사실임을 입증하는 것 같다.

그러나 컴퓨터가 만든 평평한 우주모형과 부메랑 영상이 일치하는 것은 매우 당혹스러운 결과이다. 연구팀은 최후산란표면에서 안으로 붕괴된 가장 큰 반점들의 각도에 따른 위치를 추적하여 다음과 같은 그래프를 얻었다.

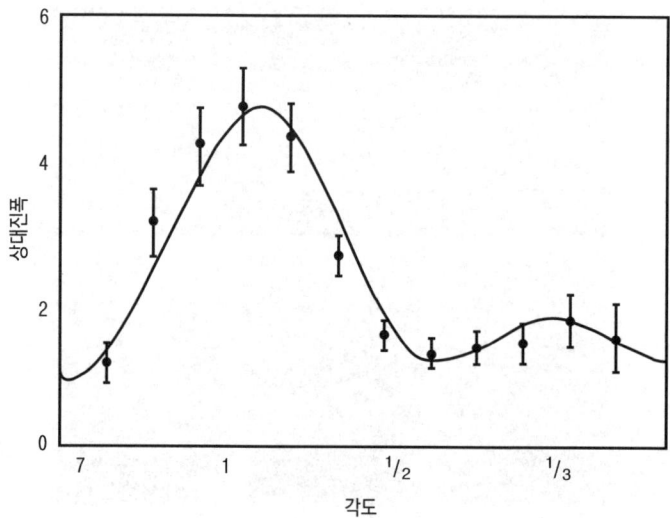

그래프에서 검은 점은 관측데이터이고, 곡선은 우주가 평평하다는 가정하에 예측되는 값을 그려 넣은 것이다. 보다시피 가장 큰 질량 덩어리는 1°에 가까운 각도에서 나타난다!

부메랑 관측결과가 발표된 후, NASA는 2001년에 마이크로파 배경복사를 더욱 정밀하게 관측할 수 있는 윌킨슨 마이크로파 비등방 탐사위성Wilkinson Microwave Anisotropy Probe, WMAP을 발사했다. 이 이름은 프린스턴대학의 물리학자 데이비드 윌킨슨David Wilkinson에서 따온 것으로, 그는 우주배경복사를 연구해온 정통파 과학자이다. 벨연구소의 두 과학자가 얼떨결에 우주배경복사를 발견하는 바람에 모든 공로와 영예가 그들에게 돌아갔지만, 이런 행운이 없었다면 우주배경복사는 당연히 윌킨슨에 의해 발견되었을 것이다.* WMAP는 지구에서 태양 반대편으로 160만km 떨어진 곳에서(그래야 태양의 방해를 받지 않는다) 7년 동안 우주배경복사를 관측하여 놀라울 정도로 정밀한 결과를 얻었다(부메랑은 대류를 타고 움직이는 풍선이어서 지표면으로부터 멀리 벗어날 수 없었기 때문에 하늘의 일부밖에 보지 못했다. 그러나 WMAP는 충분히 먼 곳까지 진출하여 우주 전체의 배경복사 지도를 완성했다).

둥그런 지구 표면의 모든 대륙을 평면에 그려 넣은 지도처럼, 다음 그림은 전체 하늘의 우주배경복사 분포도를 평면에 그려 넣은 것이다. 우리 은하는 적도 근처에 있고, 여기서 90도 위로 올라간 곳이 북극점,

---

* 이제 독자들은 저자가 두 사람의 이름을 거론하지 않은 이유를 눈치챘을 것이다-옮긴이

90도 아래로 내려간 곳이 남극점이다. 최후산란표면에서 방출된 복사를 가능한 한 정확하게 표현하기 위해, 은하의 모습은 생략되었다.

이 정도로 정밀한 데이터가 있으니, 우주의 기하학적 구조를 이전보다 훨씬 정확하게 파악할 수 있다. 과학자들은 WMAP 영상을 분석한 끝에 우리의 우주가 1퍼센트 오차 이내에서 '평평하다'는 결론을 내렸다! 결국 이론학자들의 예상이 맞은 셈이다. 그러나 앞에서도 말했듯이 이 결과는 2장에서 말한 내용과 명백하게 모순된다. 눈에 보이는 은하와 성단의 질량을 모두 합해도 평평한 우주가 되기 위해 필요한 질량의 1/3밖에 되지 않는다. 이론이 완성되려면 누락된 질량을 빨리 찾아서 추가해야 한다.

이론가들이 뒷전에 앉아 우주가 평평하다며 여유롭게 말하고 있는 동안, 질량측정을 통해 얻은 우주의 기하학적 구조와 곡률을 직접 측정해서 얻은 구조 사이에 불일치가 발생했고, 아무도 그 이유를 설명하지 못했다. 그런데 알고 보니 평평한 우주가 되기 위해 필요한 추가 에너지는 바로 우리 코앞에 있었다. 비유적인 표현이 아니라, 사실이 그랬다.

4장 헛소동

부족한 것은 남는 것보다 낫다(Less is more).
— 로버트 브라우닝(Robert Browning)의 시구를
미스 반 데어 로에(Mies van der Rohe)가 인용함.

한 걸음 전진 후 두 걸음 후퇴 — 우주의 비밀을 밝히려는 탐구 여정
은 지금까지 이런 식으로 진행되어 왔다. 관측을 통해 우주공간의 곡
률이 정확하게 밝혀졌고, 양성자와 중성자를 모두 합한 것보다 10배나
많은 물질이 존재해야 한다는 사실도 알려졌다. 또한, 은하와 성단의
질량을 모두 합해도 우주가 평평해지기 위해 요구되는 질량의 30퍼센
트에 불과하다는 것도 알게 되었다. 알면 알수록 모르는 것도 많아지고
있는 것이다. 우주의 기하학적 구조를 직접 측정해서 얻은 결과에 의하
면 우주에 존재하는 에너지의 70%는 아직도 정체불명에 오리무중이
다. 이들은 은하의 내부나 그 주변에 있지 않으며, 은하들이 모여 있는
은하단에도 존재하지 않는다!

우주의 곡률(3장 참조)과 총질량(2장 참조)이 알려지기 전에도, 전통적인 우주론은 (충분한 양의 암흑물질을 포함시켜도) 관측결과와 일치하지 않았다. 1995년에 나는 시카고대학의 연구동료인 마이클 터너^{Michael}와 함께 다소 이단적인 논문을 발표했는데, 주된 내용은 다음과 같았다. "전통적인 우주론은 잘못되었다. 평평한 우주모형에 은하단의 관측결과 및 그 내부의 역학적 특성이 평평한 우주모형(당시의 학자들은 평평한 우주를 선호했다)과 일치하려면 우주는 우리의 짐작보다 훨씬 이상한 곳이어야 한다. 또한, 우리는 1917년에 알버트 아인슈타인이 정적인 우주를 구현하기 위해 일반상대성이론의 방정식에 끼워 넣었다가 나중에 철회한 상수에 관심을 가질 필요가 있다."

우리는 문제의 해결책을 구체적으로 제시하는 것보다 무언가가 잘못되었음을 지적하는 데 중점을 두었기 때문에, 당장 뜨거운 관심을 끌지는 못했다. 우리의 주장은 3년 뒤에 결국 옳은 것으로 판명되었는데, 아마도 가장 놀란 사람은 터너와 나였을 것이다.

잠시 1917년으로 되돌아가 보자. 당시 아인슈타인은 일반상대성이론을 완성하고 인생 최대의 희열을 느끼고 있었다. 이 이론은 수성의 근일점이 세차운동을 하는 이유와 이동 각도까지 정확하게 설명했다. 물론 아인슈타인이 하늘같이 믿어왔던 '정적인 우주'를 재현하지는 못했지만, 그 정도에 굴복할 아인슈타인이 아니었다.

만일 그가 오래된 신념에 집착하지 않고 좀 더 과감한 논리를 펼쳤다면 동적인 우주를 예견한 최초의 과학자가 되었을 것이다. 그러나 아인슈타인은 다른 길을 택했다. 일반상대성이론의 수학체계에 위배되지 않으면서 정적인 우주가 허용되도록 약간의 변형을 가한 것이다.

구체적으로 들어가면 한없이 복잡하지만, 일반상대성이론의 기본 구조는 의외로 매우 간단하다. 방정식의 좌변은 '우주공간의 곡률 및 물질과 복사에 작용하는 중력의 강도'를 서술하고 있는데, 이 값은 우변에 있는 '우주에 존재하는 물질과 에너지의 밀도'에 의해 결정된다.

아인슈타인은 방정식의 좌변에 작은 상수항을 추가하면 공간 전체에 '밀어내는 힘'이 작용하여 중력과 균형을 이룰 수 있다고 생각했다 (중력은 모든 물체에 '당기는 힘'으로 작용하며, 거리가 멀수록 약해진다). 상수의 값이 충분히 작으면 여기서 발생한 여분의 힘은 일상적인 크기(심지어는 태양계 정도의 스케일)에서도 감지되지 않기 때문에, 뉴턴의 중력법칙은 여전히 아름답게 맞아 들어갈 것이다. 그러나 아인슈타인은 이 상수가 우주 전공간에 퍼져 있어서, 은하 정도의 규모로 누적되면 중력에 대항할 수 있을 정도로 커진다고 생각했다. 그의 논리대로라면 우주는 가장 큰 스케일에서 정적인 상태를 유지할 수 있다.

아인슈타인은 방정식에 추가된 양을 '우주항cosmological term'이라고 불렀다. 그러나 사실 이 항은 방정식에 작은 상수를 더한 것에 불과하기 때문에, 지금은 '우주상수cosmological constant'라는 이름으로 불리고 있다.

그 후 아인슈타인은 우주가 팽창하고 있다는 사실을 전해 듣고 "내 인생 최대의 실수"라며 애써 도입한 우주상수를 철회해 버렸다.

그러나 우주상수를 제거하는 것은 마치 튜브에서 짜낸 치약을 다시 튜브 안으로 집어 넣는 것처럼, 결코 쉬운 일이 아니었다. 물리학자들은 우주상수가 잘못된 계기로 도입된 상수임을 잘 알고 있었지만, 얼마든지 다른 식으로 해석될 수 있었기 때문에 쉽게 포기하지 못했다. 우주상수는 아인슈타인에 의해 도입되지 않았다 해도, 지난 100년 사이에 누군가가 분명히 도입했을 정도로 유용한 개념이었던 것이다.

아인슈타인의 항을 좌변에서 우변으로 넘기는 것은 수학자에게는 작은 발걸음에 불과하겠지만, 물리학자에게는 위대한 도약이다. 수학적으로는 초등학생도 할 수 있는 '이항'에 불과한데, 우변은 우주에 존재하는 에너지를 나타내고 있으므로 물리학적 의미가 완전히 달라진다. 즉, 오른쪽으로 항을 넘기면 우주의 총에너지가 달라지게 된다. 그렇다면 대체 무엇이 새로 추가된 에너지에 기여하는 것일까?

그 해답은 바로 '무(無, nothing)'이다. 기여하는 주체가 없다는 뜻이아니라, 우리가 흔히 '빈 공간'이라고 부르는 것이 에너지에 기여한다는 뜻이다. 공간의 한 영역을 취해서 그 안에 들어 있는 모든 것(먼지, 기체, 사람, 심지어 그 안을 통과하는 복사 등)을 제거한 후에도 무언가가 남아 있다면, 그것은 바로 아인슈타인이 제안했던 우주항일 것이다.

그렇다면 아인슈타인의 우주상수는 정말 황당한 아이디어가 아닐수 없다. 에너지의 정확한 의미를 모르는 사람도 "아무것도 없는 곳에 에너지는 얼마나 있을까?"라는 질문을 받으면 당연히 "0"이라고 답할 것이다.

아인슈타인의 특수상대성이론을 양자적 우주에 적용하면 빈 공간은 아주 이상한 곳이 되어 버린다. 이상한 정도가 도를 지나쳐서, 이 사실을 처음 발견한 물리학자들도 그런 것이 현실세계에 정말로 존재할수 있는지 의구심을 떨치지 못했다.

상대성이론과 양자역학의 결합을 처음으로 이룩한 사람은 영국의 이론물리학자 폴 디랙Paul Dirac이었다. 천재적 두뇌의 소유자이자 과묵하기로 유명했던 그는 양자역학의 이론체계를 확립하는 데에도 커다란 공헌을 했다.

양자역학이 집중적으로 개발된 시기는 1912~1927년이다. 이 시기에 가장 큰 공헌을 한 사람은 덴마크의 영웅 닐스 보어Niels Bohr와 오스트리아의 에르빈 슈뢰딩거Erwin Schrödinger, 그리고 독일의 물리학자 베르너 하이젠베르크Werner Heisenberg였다. 보어가 처음으로 제안하고 슈뢰딩거와 하이젠베르크에 의해 수학적 체계가 완성된 양자역학은 일상적인 경험을 통해 형성된 우리의 상식과 너무나도 동떨어져 있다. 보어는 원자 속의 전자가 중앙에 위치한 원자핵을 중심으로 마치 태양 주변을 공전하는 행성처럼 돌고 있다고 제안했다. 단, 관측을 통해 이미 알려져 있는 원자 스펙트럼(다양한 원소에서 방출되는 빛의 진동수)을 이론적으로 재현하려면 전자가 몇 개의 특정한 '양자적 준위quantum level'에 머물러 있어야 하며, 그 덕분에 전자는 원자핵으로 빨려 들어가지 않는다고 주장했다. 또한, 전자는 다양한 에너지준위 사이를 오락가락하면서 특정한 진동수의 양자quanta, 즉 빛을 흡수하거나 방출한다. '에너지 덩어리'인 양자는 1905년에 막스 플랑크Max Planck가 뜨거운 물체에서 방출되는 복사를 연구하다가 처음으로 도입한 개념이나.

그러나 닐스 보어가 제안한 양자화 규칙quantization rules은 발등에 떨어진 불을 끄기 위해 급조된 임시변통처럼 보였다. 그 후 1920년대에 슈뢰딩거와 하이젠베르크는 각자 개인적으로 "전자는 거시적 스케일의 야구공과 전혀 다른 역학법칙을 따른다"는 가정하에 보어의 규칙을 유도해냈다. 전자는 입자이면서 동시에 파동일 수 있으며, 한 곳에 집중되어 있지 않고 구름처럼 넓게 퍼져 있다(슈뢰딩거는 이것을 전자의 '파동함수wave function'로 표현했다). 또한 전자의 물리적 특성을 관측하면 여러 가지 가능성 중에서 하나의 결과가 특정확률로 얻어지며, 전자의 '위치와 속도' 또는 '에너지와 시간'은 동시에 정확하게 측정될 수 없다(이것을 하이젠베르크의 '불확정성원리uncertainty principle'라 한다).

디랙은 거시적 물체에 적용되는 고전적 역학법칙을 절묘하게 활용하여 하이젠베르크가 양자계를 서술하는 데 사용했던 수학(하이젠베르크는 이 공로를 인정받아 1932년에 노벨상을 수상했다)을 유도했다. 또한, 그는 훗날 슈뢰딩거의 '파동역학'을 같은 방법으로 유도한 후 이것이 하이젠베르크의 이론체계(행렬역학이라고 한다−옮긴이)와 동일하다는 것을 증명했다. 그러나 디랙은 보어와 하이젠베르크, 그리고 슈뢰딩거의 양자역학이 뉴턴의 고전역학 체계에 적용되었을 때에 한하여 탁월한 성능을 발휘할 뿐, 아인슈타인의 상대성이론과는 조화를 이루지 못한다는 사실도 잘 알고 있었다.

디랙은 그림보다 수학을 통해 생각하는 것을 좋아했다. 그는 양자역학과 아인슈타인의 상대성이론을 조화롭게 결합시키기 위해 여러 가지 방정식을 떠올렸는데, 그중에는 전자의 '스핀spin'과 관련된 복잡한 수학체계도 포함되어 있었다. 전자는 회전하는 팽이처럼 스스로 자전하면서 각운동량이라는 물리량을 갖는다. 또한, 전자는 임의의 축을 중심으로 시계방향이나 반시계방향으로 회전할 수 있다.

1929년, 드디어 디랙이 대박을 터뜨렸다. 원래 슈뢰딩거 방정식은 빛보다 한참 느리게 움직이는 전자를 매우 아름답고 정확하게 서술하고 있었다. 그런데 디랙이 행렬Matrix을 이용하여 이 방정식을 수정함으로써 양자역학과 상대성이론을 조화롭게 통합한 것이다(방정식에 행렬을 도입했다는 것은 방정식의 수가 많아졌음을 의미한다. 실제로 디랙이 유도한 방정식은 네 개의 세트로 이루어져 있다). 이렇게 탄생한 디랙 방정식은 '속도가 매우 빨라서 상대론적 효과를 무시할 수 없는 전자'의 양자역학적 거동을 서술하고 있다.

그러나 여기에는 약간의 문제가 있었다. 전기장과 자기장 속에서 전자의 거동을 서술하는 방정식을 써 놓고 보니, 전자와 전하가 반대인 새로운 입자가 존재해야 한다는 결론에 도달한 것이다.

당시까지만 해도 전자와 전하가 반대인 유일한 후보입자는 양성자proton뿐이었다. 그러나 양성자는 전자와 다른 점이 너무도 많다. 무엇보다도 양성자는 전자보다 2,000배나 무겁다!

당혹감에 빠진 디랙은 이 결과를 다음과 같이 설명했다. "새로운 입자는 양성자이다. 그러나 양성자가 공간을 가로질러갈 때 이들의 상호작용이 특이하게 교환되어 무거운 입자처럼 보이는 것이다." 그러나 하이젠베르크를 비롯한 다른 물리학자들은 디랙의 설명을 믿지 않았다.

디랙을 난처한 상황에서 구해낸 것은 다른 물리학자가 아니라 바로 자연, 그 자체였다. 디랙의 방정식이 발표되고 약 2년이 지난 후(디랙이 새로운 입자의 존재를 예견한 지 1년이 지난 후), 실험물리학자들이 지구로 쏟아지는 우주선cosmic ray 속에서 새로운 입자를 발견한 것이다. 이 입자의 전하는 전자와 정확하게 반대였고 나머지 특성은 전자와 완전히 똑같았다. 사람들은 디랙의 예견이 옳았음을 입증해 준 이 입자에 '양전자positron'라는 이름을 붙여 주었다.

이로써 디랙은 명예를 완전히 회복했다. 훗날 그는 자신의 이론에 자신감을 갖지 못했던 이유를 다음과 같이 간단명료하게 해명했다. "그 방정식은 나보다 똑똑했다!"

지금 우리는 양전자가 전자의 반입자antiparticle임을 잘 알고 있다. 디랙의 이론은 전자뿐만 아니라 모든 입자에 적용되는 것으로 판명되었다. 동일한 이론을 다른 입자에 적용하면, 전자의 경우와 마찬가지로 해당 입자의 반입자가 존재해야 한다는 결론이 내려진다. 예를 들어 양성자의 반입자는 반양성자antiproton이며, 중성자와 같이 전기적으로 중성인 입자도 반입자를 갖고 있다. 그리고 입자와 반입자가 만나면 순수한 복사에너지를 방출하면서 완전히 소멸된다.

무슨 공상과학소설처럼 들리겠지만(반물질은 영화 「스타트렉Star Trek」에서 매우 중요한 역할을 한다), 반물질은 전 세계의 대형입자가속기에서 매일같이 만들어지고 있다. 물질과 반물질은 전하만 반대이고 그 외의 물리적 특성은 모두 같기 때문에, 반물질로 이루어진 세계가 어딘가에 존재한다면 물질로 이루어진 우리의 세계와 별로 다르지 않을 것이다. 그곳에서는 반연인들이 반자동차를 타고 반달(半月이 아니라 反月!-옮긴이) 아래서 사랑을 속삭일 것이다. 그런데 우리가 사는 세상은 대부분이 반물질이 아닌 물질로 이루어져 있다. 모두 반물질로 이루어져 있거나 동일한 양의 물질과 반물질이 서로 격리된 채 존재하는 세상도 가능했을 텐데, 왜 하필 우리의 우주는 물질만으로 이루어져 있는 것일까? 나중에 다시 언급할 기회가 있겠지만, 이렇게 된 것은 단순한 우연에 불과하다. 반물질이 신기하게 느껴지는 것은 미국 사람이 벨기에 사람을 신기하게 여기는 것과 다를 바 없다. 사실 벨기에 사람은 하나도 신기한 존재가 아닌데, 단지 '자주 볼 수 없기 때문에' 신기하게 느껴지는 것뿐이다. 벨기에에 가면 오히려 미국 사람이 신기한 존재가 될 것이다.

반물질은 눈에 보이는 세계를 한층 더 다양하게 만들어 주었지만, 이것 때문에 '텅 빈 공간'의 물리적 특성이 훨씬 더 복잡해졌다.

전설적인 물리학자 리처드 파인만$^{Richard \, Feynman}$은 상대성이론이 반입자의 존재와 연결되는 이유를 직관적으로 이해한 최초의 인물이었다. 또한, 그는 특유의 그래프를 이용하여 빈 공간이 실제로 비어 있지 않다는 것도 명쾌하게 설명했다.

상대성이론에 의하면 각기 다른 속도로 움직이는 관찰자들이 거리나 시간 등을 측정하면 각기 다른 값을 얻는다. 예를 들어 빠르게 움직이는 물체(물리계)에서는 시간이 느리게 흐른다. 만일 어떤 물체가 희한한 능력을 발휘하여 빛보다 빠르게 움직인다면 미래가 아닌 과거를 향해 이동하는 것처럼 보인다. 이것은 빛의 속도가 '모든 속도의 한계'로 지정된 이유 중 하나이다.

그러나 양자역학의 제1계명인 하이젠베르크의 불확정성원리에 의하면 주어진 물리계에서 '위치와 속도'처럼 특정 쌍에 해당하는 물리량들은 동시에 정확하게 측정될 수 없다. 또는 주어진 물리계에서 '유한한 시간 간격과 계의 총에너지'도 동시에 정확하게 측정될 수 없다. 둘 중 한쪽을 정확하게 측정하면 다른 쪽의 오차가 대책 없이 커진다.

이것이 의미하는 바는 다음과 같다. 아주 짧은 시간 간격(그 시간 안에 입자의 속도를 측정할 수 없을 정도로 짧은 시간 간격)에서는 입자가 빛보다 빠르게 움직일 수 있다는 것이다! 그러나 아인슈타인의 이론에 의하면 빛보다 빠르게 움직이는 입자는 시간을 거슬러 과거를 향해 이동한다!

파인만은 이 황당한 가능성을 신중하게 받아들이고 그 속에 담긴 물리학적 의미를 생각하다가 다음과 같은 다이어그램을 머릿속에 떠올렸다. 다음 그림은 공간을 가로질러 이동하는 전자를 나타낸 다이어그램인데, 전자의 속도가 주기적으로 변하면서 간간이 빛보다 빠르게 이동하기도 한다.

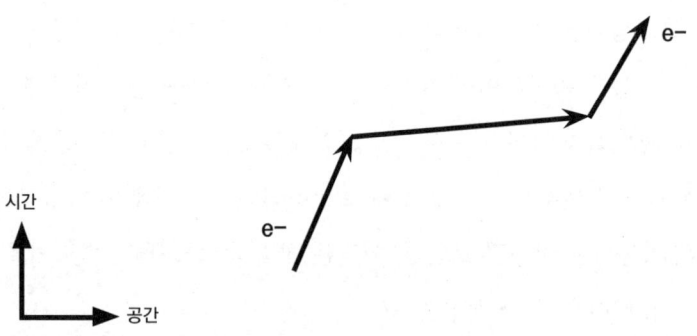

상대성이론에 의하면, 움직이는 관찰자는 앞의 그림과 동일한 상황을 다르게 인식한다. 예를 들어 다른 관찰자에게는 전자가 미래를 향해 나아가다가 중간에 갑자기 과거로 진행하고, 그 후에 다시 미래로 진행하는 것처럼 보일 수도 있다.

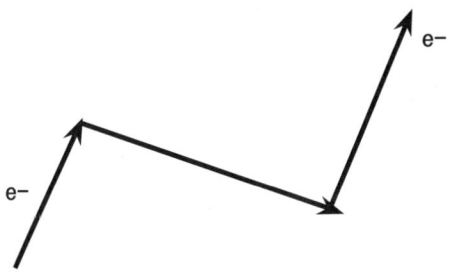

그러나 과거로 진행하는 음전하는 미래로 진행하는 양전하와 수학적으로 완전히 동일하다! 그러므로 상대성이론은 질량을 비롯한 모든 특성이 전자와 완전히 동일하면서 전하의 부호만 반대인 반입자(전자의 경우에는 양전자)의 존재를 요구하게 되는 것이다.

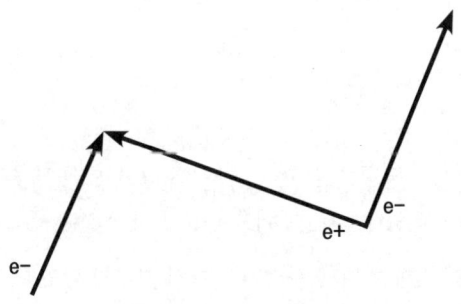

앞의 그림에서는 파인만의 관점을 이렇게 재해석할 수도 있다. "A라는 전자가 제 갈 길을 가고 있는데, 다른 지점에서 전자−양전자 쌍이 무(無)에서 갑자기 탄생하여 양전자는 A와 만나 소멸되고 남은 전자(새로 생성된 전자)가 계속 이동한다."

앞의 논리가 그다지 불편하지 않다면 다음을 생각해 보라 — 당신의 관측은 하나의 전자에서 시작되었고 마지막 순간에도 전자는 하나뿐이었다. 그런데 중간에 짧은 시간 동안 세 개의 전자가 존재했다.

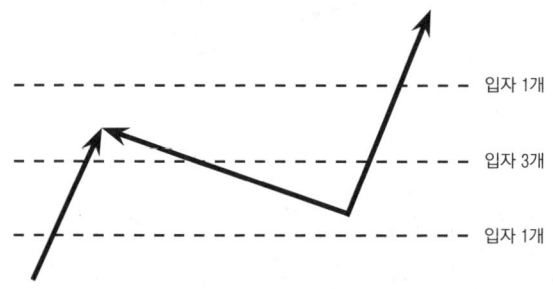

아주 잠시동안이긴 하지만, 관측 도중에 무언가가 무(無)에서 탄생했다! 1949년에 파인만은 이 명백한 역설에 전쟁 중의 에피소드를 엮어서 「양전자이론A Theory of Positrons」이라는 논문으로 발표했다.

저공비행 중인 폭격기에서 폭격수가 조준기를 통해 한 줄기로 뻗어 있는 도로를 주시하고 있다. 그런데 어느 순간 갑자기 길이 세 개가 되었다가 그 중 두 개가 한 곳에서 만나 사라지고 다시 하나만 남았다. 잠시 후 폭격수는 그 길이 기다란 스위치백(오르막에 지그재그로 나 있는 길−옮긴이)이었음을 알아차렸다.

'스위치백' 구간에 해당하는 시간이 충분히 짧아서 그 시간 안에 모든 입자를 직접 관측할 수 없다면, 양자역학과 상대성이론은 이 희한한 상황을 허용할 뿐만 아니라, 심지어는 이런 상황을 요구하기까지 한다. 관측할 수 없을 정도로 짧은 시간에 나타났다가 사라지는 입자를 '가상입자virtual particle'라 한다.

텅 빈 공간에 '관측할 수 없는 새로운 입자들'을 도입하는 것은 뾰족한 핀 끝에 여러 명의 천사가 앉아 있다고 주장하는 것 못지않게 황당한 발상이다. 게다가 이 입자들이 측정 가능한 특성을 하나도 갖고 있지 않다면, 그야말로 사지에 맥이 풀릴 노릇이다. 조금 심하게 말하면 무슨 야바위 노름 같다. 그러나 이 입자들을 직접 관측할 수 없다 해도, 우리가 겪고 있는 우주의 거의 모든 특성은 이들이 낳은 '간접적 효과'에서 기인한 것이다. 뿐만 아니라 이 입자(가상입자)들이 낳은 효과는 상상을 초월할 정도로 정확하게 계산할 수 있다. 지금까지 그 어떤 과학도 이토록 정확한 계산을 수행한 적이 없다.

수소 원자를 예로 들어보자. 보어는 초기 양자이론을 이용하여 수소 원자의 구조를 설명했고, 후에 슈뢰딩거도 자신이 유도한 파동방정식을 수소 원자에 적용하여 만족할 만한 결과를 얻었다. 양자역학은 원자 속의 전자가 불연속적인 에너지준위를 오락가락하고 있다는 논리를 통해 달궈진 수소 원자에서 방출되는 빛의 색깔을 정확하게 예견하고 있다. 전자가 빛을 흡수하면 높은 에너지준위로 올라가고 빛을 방출하면 낮은 에너지준위로 떨어지는데, 이때 방출(또는 흡수)되는 빛의 색깔은 처음과 나중 상태 에너지준위의 차이에 의해 결정된다. 슈뢰딩거의 방정식을 이용하면 수소 원자에서 방출되는 빛의 진동수를 계산할 수 있는데, 그 값은 실험결과와 거의 정확하게 일치한다.

그러나 완벽하게 일치하지는 않는다.

수소 원자의 스펙트럼을 자세히 관찰해 보면 에너지준위 사이에 몇 개의 준위들이 추가로 발견된다. 이것을 두고 물리학자들은 "수소 원자 스펙트럼에 '미세구조fine structure'가 존재한다"고 표현한다. 이 분리선은 보어가 활동하던 시대에도 알려져 있었는데, 당시 물리학자들은 상대론적 효과와 관련되어 있다고 짐작만 했을 뿐, 아무도 속 시원하게 설명하지 못했다. 그 후 등장한 디랙의 방정식은 슈뢰딩거 방정식의 계산결과를 개선하여 미세구조를 비롯한 원자의 구조를 더욱 정확하게 설명할 수 있었다.

여기까지는 순조로웠다. 그러나 1947년에 미국의 실험물리학자 윌리스 램Willis Lamb과 그의 제자였던 로버트 러더퍼드Robert C. Retherford가 수소 원자의 에너지준위를 1억 분의 1이라는 오차 이내로 정밀측정을 시도하면서 상황이 크게 달라졌다.

이들은 왜 고생을 사서 했던 것일까? 실험물리학자들이 하는 일이 원래 그렇다. 기존보다 더 정확한 측정방법이 개발되었다고 생각되면 그것으로 동기는 충분하다. 과학의 역사를 되돌아보면 단순한 동기로 시작했던 일이 세상을 바꾼 사례를 어렵지 않게 찾아볼 수 있다. 1676년에 네덜란드의 과학자 안톤 필립 판 레이우엔훅Antonie Philips van

Leeuwenhoek은 그저 '크게 보기 위해' 물방울을 현미경으로 들여다보다가 미생물로 가득 찬 세상을 발견했다. 그러나 램과 러더퍼드에게는 또 하나의 동기가 있었다. 그때까지만 해도 디랙의 예측이 정밀하게 입증되지 않았던 것이다.

1947년에는 디랙의 이론이 관측을 통해 이미 증명된 상태였지만, 램은 그것을 더욱 정밀한 수준에서 확인하고 싶었다(이론을 엄밀하게 입증하는 방법은 이것뿐이다). 그런데 막상 실험을 해 보니, 그들의 장비로 감지 가능한 1천만 분의 1 규모에서 이론과 실험이 일치하지 않는 것으로 나타났다.

이 정도로 작은 차이는 별로 중요하지 않을 수도 있다. 그러나 이것은 디랙의 이론에서 예견된 가장 단순하고 명확한 값이었기에 그냥 넘어갈 수가 없었다.

그 후로 몇 년 동안 내로라하는 이론물리학자들이 이 분야에 뛰어들어 이론과 실험의 차이를 해명하려고 노력했고, 한바탕 소동이 지나간 뒤에 다음과 같은 사실이 밝혀졌다 ─ "디랙의 이론은 옳다. 단, 가상입자에 의한 효과를 고려했을 때만 옳다." 이 내용을 그림과 함께 설명하면 다음과 같다. 대부분의 화학 교과서에는 수소 원자가 오른쪽 그림과 같이 표현되어 있다. 원자의 중

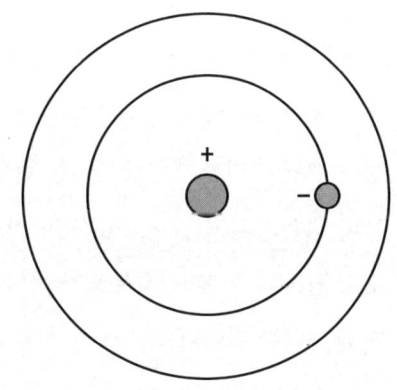

심에 양성자가 있고, 그 주변에 있는 여러 개의 가능한 궤도 중 하나를 전자가 점유하고 있다는 식이다. 물론 전자는 수시로 '점프'하여 다른 궤도로 옮겨갈 수 있다.

그러나 전자–양전자 쌍이 아무것도 없는 공간에서 자발적으로 생겨났다가 아주 짧은 시간 후에 사라진다는 것을 사실로 받아들이면 수소 원자는 다음과 같은 모습일 것이다.

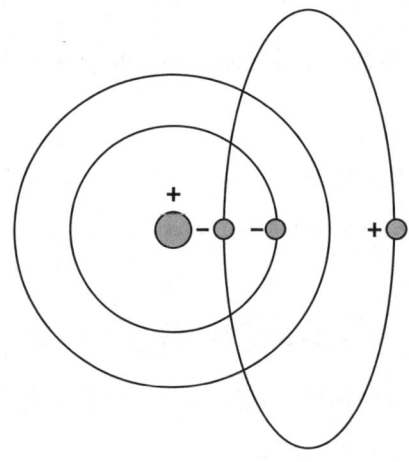

이전의 그림에서 오른쪽에 전자–양전자 쌍이 추가되었는데, 이들은 그림의 위쪽에서 만나 소멸될 예정이다. 음전하를 띤 가상전자는 양성자 주변에 머물기를 좋아하는 반면, 양전하를 띤 양전자는 양성자로부터 멀어지려고 한다. 어쨌거나 이 그림에서 한 가지 분명한 사실은 수소 원자의 '실제' 전하분포가 하나의 전자와 하나의 양성자로 설명되지 않는다는 것이다.

파인만을 비롯한 여러 물리학자들은 혼신의 노력을 기울인 끝에,

디랙의 방정식을 사용하면 간헐적으로 나타났다가 사라지는 가상입자에 의한 효과를 무한정 정확하게 계산할 수 있다는 사실을 알아냈다. 실제로 이 계산을 수행하면 어떤 과학분야도 따라올 수 없을 정도로 정확한 예측을 할 수 있다. 예를 들어 천문학 분야에서 가장 최근에 얻어진 마이크로파 배경복사의 측정값은 이론에서 예견된 값과 약 10만 분의 1 정도 차이가 난다. 물론 이 정도면 엄청나게 정확하다. 그러나 디랙의 방정식으로 가상입자의 효과를 계산한 값과 관측을 통해 얻은 값의 차이는 10억 분의 1도 채 되지 않는다!

그러므로 가상입자는 존재한다고 믿을 수밖에 없다. 그 외에 어떤 생각을 할 수 있겠는가?

이처럼 원자물리학의 기념비적인 성공은 타의 추종을 불허한다. 그러나 가상입자는 또 다른 분야에서 핵심적인 역할을 하고 있는데, 그것은 바로 이 책의 주제와 밀접하게 관련되어 있다. 지금까지 알려진 바에 따르면, 우리의 몸을 비롯하여 눈에 보이는 모든 물질의 질량의 대부분은 가상입자에서 비롯된 것이다.

물리학자들은 1970년대에 양성자와 중성자(즉, 눈에 보이는 모든 물질)를 구성하는 입자인 쿼크quark의 상호작용을 정확하게 설명하는 이론을 개발했고, 이로써 물질에 대한 이해의 폭이 이전보다 훨씬 넓어졌다. 이 이론에 등장하는 수학은 너무도 복잡하여, 쿼크들 사이의 상호작용(강한 상호작용, 강력)을 서술하는 수학은 수십 년이 지난 후에야 제대로 된 체계를 갖출 수 있었다. 뿐만 아니라 과학자들은 양성자와 중성자의 근본적인 특성을 계산하기 위해 수만 개의 프로세서를 갖춘 병

렬처리 컴퓨터까지 개발했다.

지금 우리는 양성자의 내부가 어떻게 생겼는지 머릿속에 그릴 수 있게 되었다. 양성자는 세 개의 쿼크로 이루어져 있다고 알려져 있지만, 사실 이것 말고도 엄청나게 많은 재료들이 복잡하게 섞여 있다. 특히 쿼크들 사이에서 강력을 매개하는 가상입자들은 아무것도 없는 빈 공간에서 수시로 나타났다가 사라지고 있다. 이 상황을 시각적으로 표현하면 위의 그림과 같다. 물론 이것은 실제 사진이 아니라, 쿼크의 역학과 장(場, field, 마당이라고도 한다)을 관장하는 수학을 도식적으로 표현한 것이다.

양성자의 내부에서는 가상입자들이 가득 찼다가 사라지기를 반복하고 있다. 사실 쿼크는 양성자나 중성자 질량의 극히 일부에 불과하고, 대부분의 질량은 가상입자들이 만드는 장(場)으로부터 생성된다. 물론 중성자의 경우도 마찬가지다. 그리고 당신의 몸은 양성자와 중성자로 이루어져 있으므로, 당신이 지금과 같은 체중을 유지하는 것도 결

120

국은 가상입자들 덕분이다!

원자의 내부나 그 주변 공간, 그리고 양성자의 내부에서 가상입자에 의한 효과를 계산할 수 있다면, 완전히 빈 공간에 나타나는 가상입자의 효과도 계산할 수 있지 않을까?

이것은 그리 만만한 계산이 아니다. 원자나 양성자의 질량에 가상입자가 미치는 영향을 계산한다는 것은 가상입자를 포함한 원자나 양성자의 총에너지를 계산한다는 뜻이기 때문이다. 이 계산을 수행한 후 원자나 양성자가 없을 때(즉, 진공에서) 가상입자의 에너지기여도를 계산하여 전지에서 후자를 빼면 원자나 양성자에 대한 가상입자의 순수 기여도가 얻어진다. 굳이 이런 과정을 거치는 이유는 방정식을 풀었을 때 위에서 언급한 두 종류의 에너지가 모두 무한대로 나오기 때문이다. 그러나 두 값의 차이를 계산하면 기적처럼 유한한 값이 얻어질 뿐만 아니라, 관측결과와 정확하게 일치한다!

그런데 진공 중에서 가상입자에 의한 효과'만' 계산하면 더 이상 뺄 것이 없기 때문에 무한대라는 답이 얻어진다!

순수수학에서는 무한대가 흥미로운 대상일 수도 있지만, 적어도 물리학에서는 결코 반가운 손님이 아니다. 그래서 물리학자들은 가능한 한 무한대를 피하기 위해 노력해왔다. 자연이 제아무리 희한하다 해도, 텅 빈 공간의 에너지가 무한대일 수는 없다(공간에 무언가가 있어도 마찬가지다). 따라서 우리는 어떻게든 계산법을 개발하여 유한한 값을 얻어내야 한다.

무한대가 나오는 이유는 간단하다. 하이젠베르크의 불확정성원리

(에너지와 시간 사이의 불확정성 — 주어진 물리계의 에너지에 나타나는 불확정성은 계를 관측하는 시간(특정 시간이 아니라 시간 간격)에 반비례한다)에 의하면 무에서 나타난 가상입자가 실어 나르는 에너지가 많을수록, 그 입자의 수명은 짧아진다. 따라서 가상입자가 무한대에 가까운 에너지를 갖고 있다면, 무한소의 짧은 시간 안에 사라져야 한다.

그러나 우리가 알고 있는 물리학의 법칙은 어떤 특정한 거리 이상, 그리고 특정한 시간 간격 이상에만 적용할 수 있다. 즉, 양자역학적 효과까지 고려해야 할 정도로 짧은 거리나 짧은 시간 간격에서 중력(그리고 중력이 시공간에 미치는 영향)을 이해하려고 하면, 물리학이 제대로 작동하지 않는다. 소위 말하는 '양자 중력quantum gravity'이론이 개발되지 않는 한, 이 한계를 넘어선 극미영역에서는 어떤 계산도 신뢰할 수 없다.

물리학자의 희망 사항은 양자 중력과 관련된 새로운 물리학을 이용하여 '플랑크 시간Planck time'보다 수명이 짧은 가상입자의 효과를 제거하는 것이다. 이 컷오프 과정에서 살아남은 입자들(에너지가 상대적으로 작은 입자들)의 효과를 모두 더하면 가상입자들이 순수한 무(無)에 기여하는 에너지를 알아낼 수 있다.

그러나 여기에는 심각한 문제가 도사리고 있다. 가상입자들이 진공에 기여하는 에너지를 계산해 보면, 암흑물질을 포함하여 우주에 존재하는 모든 물질의 에너지를 합한 것보다 10^{120}배(1,000,000,0 00,000,000,000,000,000,000,000,000,000,000,000,000,000,000,00 0,000,000,000,000,000,000,000,000,000,000,000,000,000,000,000, 000,000,000,000,000배)나 많다!

가상입자의 효과를 고려한 원자의 에너지준위는 물리학 역사상 가장 정확하게 계산된 반면, 빈 공간(진공)의 에너지는 물리학 역사상 가장 크게 틀린 최악의 계산임이 분명하다. 만일 빈 공간의 에너지가 이 정도로 크다면 밀어내는 힘이 워낙 강해서(앞서 말한 바와 같이, 빈 공간의 에너지는 우주상수에 해당한다) 지구는 이미 옛날에 저 멀리 날아갔을 것이다. 이뿐만이 아니다. 우주 초기에 진공에너지가 이 정도로 컸다면 지금 눈에 보이는 우주 만물은 빅뱅 후 몇 분의 1초 이내에 산산이 흩어져서 별과 행성, 인간 등은 절대로 지금처럼 형성되지 못했을 것이다.

　　흔히 '우주상수문제'로 불리는 이 심각한 문제를 처음 제기한 사람은 러시아의 우주론학자 야코프 젤도비치Yakov Zel'dovich였다. 그가 관련 논문을 발표한 1967년 이후로 지금까지 우주상수문제는 해결의 기미를 보이지 않고 있다. 아마도 이것은 현대물리학이 직면한 가장 근본적이면서 풀기 어려운 문제일 것이다.

　　이론물리학자들은 지난 40여 년 동안 이 문제와 관련하여 아무런 아이디어도 제시하지 못했지만, 적어도 어떤 답이 나와야 할지는 알고 있다. 초등학생들과 마찬가지로, 물리학자들 역시 텅 빈 공간의 에너지는 0이 되어야 한다고 믿고 있다. 장차 개발될 '궁극의 이론'은 가상입자의 효과가 어떻게 상쇄되는지를 알려줄 것이며, 결국 빈 공간의 에너지가 0임을 밝혀줄 것이다.

　　물론 물리학자들의 논리는 초등학생보다 훨씬 복잡하고 정교하다. 우리에게 주어진 임무는 말도 안 될 정도로 크게 나온 진공에너지를 '관측을 통해 알려진 상한값' 이하로 줄이는 것이다. 이를 위해서는 아주 큰 숫자에서 또 다른 큰 숫자를 빼서, 무려 120자리에 달하는 괴물 같은 값을 상쇄시키고 121번째 자리에서 0이 아닌 어떤 값을 얻어내야 한다! 그러나 물리학 역사상 이렇게 큰 숫자들이 상쇄되면서 아주 작은 값이 남은 사례는 단 한 번도 없었다.

다른 한 편으로 생각해 보면, 0은 비교적 쉽게 만들어낼 수 있는 숫자이다. 전혀 다른 과정에서 얻어진 두 개의 큰 숫자가 자연의 대칭에 의해 완전히 상쇄될 가능성도 있다.

그래서 우리 이론물리학자들은 매일 밤마다 두 다리 뻗고 푹 잘 수 있다. 방법은 모르지만, 어떤 답이 나와야 할지는 이미 알고 있기 때문이다.

그러나 자연은 무언가 다른 생각을 은밀하게 품고 있었다.

5장 달아나는 우주

물질의 기원을 생각하는 사람도 있는데, 그에 비하면
생명의 기원은 하찮은 문제에 속한다.
― 찰스 다윈(Charles Darwin)

마이클 터너와 내가 1995년에 발표했던 논문은 당시로써는 상당히 이단적이었다. 우리는 이 논문에서 우주가 평평하다고 주장했는데, 대부분의 물리학자들은 이것을 이론적 편견이라고 생각했을 것이다(다시 한번 강조하거니와, 3차원 평면은 테이블 표면과 같은 2차원 평면과 근본적으로 다르다. '평평한 3차원 공간'이란 모든 곳에서 빛이 직진하는 공간을 말한다, 휘어진 3차원 공간에서는 빛이 직진하지 않고 공간의 곡률을 따라 휘어지는데, 그곳에 있는 사람에게는 여전히 직진하는 것처럼 보이기 때문에 머릿속에 그리기가 쉽지 않다). 또한 우리는 "총에너지의 약 30퍼센트가 은하와 성단 근처에 암흑물질의 형태로 존재한다면, 지금까지 얻어진 모든 천문관측 데이터는 평평한 우주와 일치한다"고 결론지었다. 그러나 우주의 총에너지의 나머지 70퍼센트가 물질이 아닌 빈 공간에 존재한다는 것은 아무리 생각해도 이상한 일이었다.

우리의 주장은 당시 학계의 정설과 많이 동떨어져 있었다. 우주상수가 우리의 주장과 일치하려면 4장의 끝 부분에서 언급한 괴물 같은 숫자가 거의 다 상쇄되어 사라지되, 0이 되어선 안 된다. 이렇게 큰 수를 아주 작은 값만 남기고 없애려면 엄청나게 정교한 논리가 필요하다. 물론 그 방법을 아는 사람은 아무도 없다.

그동안 나는 여러 대학에서 '평평한 우주의 문제점'에 대해 강의해왔는데, 설명이 이 부분까지 진행된 후에는 그냥 미소만 짓고 구체적인 언급을 피해왔다. 대부분의 사람들은 우리의 제안을 심각하게 받아들이지 않았으며, 심지어는 나조차도 17년 전만큼 확신에 차 있지 않다. 터너와 내가 발표했던 논문에서 사람들을 제일 놀라게 했던 부분은 그 당시에 정설로 받아들여졌던 우주론(일반상대성이론에 입각하여 평평한 우주가 되기 위해 필요한 에너지의 대부분이 암흑물질의 형태로 존재한다는 이론. 이 이론에 의하면 지구와 별, 은하 등을 구성하는 바리온(강입자)은 음식물에 넣는 조미료처럼 극히 적은 양에 불과하다)에 무언가 문제가 있음을 지적한 것이었다. 사실 이것은 우리만의 생각이 아니라, 전 세계에서 활동하고 있는 우리 연구동료들의 생각이기도 했다.

얼마 전에 한 연구동료가 나에게 이런 말을 했다. "자네가 1995년에 썼던 논문 말이야, 그게 다른 학자들에게 인용된 횟수가 손가락으로 꼽을 정도였다는 거, 알고 있나? 게다가 자네 논문을 인용했다는 그 논문들도 대부분 자네 아니면 터너가 쓴 후속논문이더군." 간단히 말해서,

거의 아무도 신경을 쓰지 않았다는 이야기다! 우리의 우주가 사람을 당혹스럽게 만든다지만, 과학계의 거의 모든 학자들은 나와 터너의 논문이 우주보다 더 당혹스럽다고 느꼈던 모양이다.

모순을 해결하는 가장 간단한 방법은 우주가 열려 있다고 가정하는 것이었다(이런 우주에서 지금 평행하게 진행하고 있는 두 줄기 빛의 과거를 역으로 추적해 가면 둘 사이의 거리가 점점 멀어진다. 물론 1995년은 마이크로파 우주배경복사지도가 만들어지기 전이었으므로 이런 가능성을 신중하게 고려했었다). 그러나 열려 있는 우주도 나름대로 문제점을 안고 있었다.

사람들에게 중력이 무엇이냐고 물으면 예외 없이 '잡아당기는 힘'이라고 대답할 것이다. 그렇다. 우주 어디서나 중력은 잡아당기는 쪽으로 작용한다. 그러나 대부분의 과학이 그렇듯이 우리는 사고의 한계를 넓혀야 한다. 자연은 우리가 상상하는 것보다 훨씬 황당하고 변화무쌍하기 때문이다. 잡아당기는 중력 때문에 우주의 팽창속도가 느려지고 있다고 가정하고, 우리로부터 특정 거리에 있는 은하가 빅뱅 이후 계속 동일한 속도로 이동해왔다고 가정하면, 현재 우주의 나이의 상한선을 알 수 있다(이 점은 앞에서도 언급한 바 있다). 우주의 팽창속도가 느려지고 있다면 과거의 은하는 지금의 은하보다 더 빠르게 멀어졌을 것이고, 그렇다면 현재의 위치까지 오는 데 (과거부터 지금과 똑같은 속도로 멀어져 온 경우보다) 시간이 짧게 걸렸을 것이기 때문이다. 물질이 풍부한 열린 우주는 평평한 우주보다 팽창속도가 천천히 느려지기 때문에, 현재 알려진 팽창속도로 미루어볼 때 우리의 우주가 열려 있다면 닫힌 경우보다 나이가 많을 것이다.

빈 공간의 에너지가 0이 아니라는 것은 우주상수가 존재한다는 뜻이고, 우주상수는 '밀어내는 중력'처럼 작용한다. 따라서 우주상수가 0이 아니라면 우주는 장구한 세월 동안 점점 빠르게 팽창했을 것이고, 과거의 은하들은 지금보다 느리게 멀어졌을 것이다. 이는 곧 '은하들이 일정한 속도로 움직여서 현재의 위치에 이를 때까지 걸린 시간'보다 '점점 빠르게 움직이면서 지금의 위치에 이를 때까지 걸린 시간'이 더 길다는 뜻이다. 허블망원경이 보내온 관측결과와 우주상수, 그리고 눈에 보이는 물질과 눈에 보이지 않는 암흑물질을 모두 고려했을 때, 우리가 추정할 수 있는 우주의 최대나이는 약 200억 년이다.

1996년에 나는 연구동료인 브라이언 셰보이어Brian Chaboyer와 예일대학의 피에르 드마크Pierre Demarque, 그리고 케이스웨스턴리저브Case Western Reserve대학의 피터 커넌Peter Kernan과 함께 우리 은하에서 가장 오래된 별의 최소나이를 계산하여 약 120억 년이라는 결과를 얻었다. 이 값은 수백만 개에 달하는 별들의 진화과정을 고성능 컴퓨터로 재현한 후 이들의 색상과 밝기를 실제 관측결과(우리 은하에서 가장 오래된 천체로 여겨지는 구상성단의 관측결과)와 비교하여 얻은 것이다. 은하수가 형성되는 데 약 10억 년이 걸렸다고 가정했을 때, 우리가 얻은 하한값(120억 년)에 의하면 우주가 평평하면서 물질과 우주상수로 차 있을 가능성은 완전히 배제되고, 열려 있을 가능성은 아주 조금 남게 된다.

그러나 가장 오래된 별의 나이는 최근 관측결과에 따라 예민하게 달라지는 값이었다. 아니나 다를까, 첫 번째 결과를 발표하고 1년이 지난 1997년에 새로 얻어진 관측결과를 적용했더니 그 값이 20억 년 정도 작아졌다. 우주의 나이가 조금 젊어진 것이다. 이리하여 상황은 더욱 혼란스러워졌고, 우리는 모든 계산을 처음부터 다시 시작해야 했다.

그런데 이 모든 상황은 1998년에 극적으로 바뀌었다(우연히도 이 해는 부메랑 관측을 통해 우주가 평평하다고 알려진 해였다).

에드윈 허블에 의해 우주가 팽창하고 있다는 사실이 알려진 후로 지금까지 근 70년 동안 천문학자들은 우주의 정확한 팽창속도를 알아내기 위해 온갖 노력을 기울여왔다. 특히 1990년대에 발견된 '표준촛불'은 천체까지의 거리를 산출하는 데 결정적인 역할을 했다(앞에서 언급한 바와 같이, 표준촛불이란 겉보기등급(눈에 보이는 밝기)으로부터 거리를 알아낼 수 있는 천체이다).

특별한 형태의 폭발하는 별, 즉 1a형 초신성은 밝기와 수명 사이에 밀접한 관계가 있다. 이 초신성의 수명(어떤 기준 이상의 밝기를 유지하는 시간)을 측정한 후 우주의 팽창에 따른 시간지연효과를 고려하여 초신성의 수명을 계산하면, 정지된 기준계에서 계산된 실제 수명보다 큰 값이 얻어진다. 그러나 초신성의 절대등급과 망원경으로 관측된 상대등급을 비교하면 초신성 폭발이 일어난 은하까지의 거리(폭발이 일어났던 시점에서의 거리)를 알 수 있고, 이 은하가 적색편이된 정도를 관측하면 멀어지는 속도를 알 수 있다. 이 두 가지 결과를 조합하면 우주의 팽창속도가 매우 정확한 값으로 결정된다.

초신성은 매우 밝기 때문에 허블상수를 결정하는 유용한 수단일 뿐만 아니라 우주적 스케일에서 먼 과거를 보여주는 창문의 역할을 한다.

천문학자들은 이로부터 또 하나의 흥미로운 연구과제를 떠올렸다. 허블상수는 시간에 따라 어떻게 변하는가? 이것을 관측으로 알아낼 수 있을까?

자연에 존재하는 상수의 변화를 인간이 관측한다는 것 자체가 모순처럼 들린다. 우주적 시간스케일에서 볼 때 인간의 수명은 너무나 짧다. 우주의 팽창속도를 100년 동안 열심히 관측해 봐야 조금도 달라지지 않을 것이다. 그러나 앞에서 말한 바와 같이 우주의 팽창속도는 중력의 영향을 받으면서 장구한 세월 동안 끊임없이 변해왔다.

천문학자들은 "멀리 있는(눈에 보이는 우주의 가장자리에 있는) 초신성의 속도와 거리를 측정하면 우주의 팽창속도가 줄어드는 비율(가속도)을 알 수 있다"고 말한다(우주 전체에 작용하는 중력이 항상 잡아당기는 쪽으로 작용하기 때문이다). 그리고 감속비율을 시간의 함수로 나타내면 우주의 기하학적 구조에 따라 다른 그래프가 얻어질 것이므로, 천문학자들은 이로부터 우주의 거시적 구조(닫힌 우주, 열린 우주, 또는 평평한 우주)를 알 수 있을 것으로 기대하고 있다.

1996년에 나는 로렌스버클리연구소Lawrence Berkeley Lab.를 6주 일정으로 방문하여 우주론과 관련된 강의를 하면서 동료들과 다양한 주제로 토론을 벌인 적이 있다. 그런데 그곳에서 "빈 공간은 에너지를 갖고 있다"는 주제로 강연을 했을 때, 당시 초신성의 거리 측정법을 연구하고 있던 사울 펄무터Saul Perlmutter라는 젊은 물리학자가 나에게 다가와 짤막하게 한 마디 던지고 갔다. "당신이 틀렸다는 것을 곧 입증해 보이겠습니다!"

나의 강연내용 중에서 사울이 문제 삼은 부분은 "평평한 우주에서 에너지의 70퍼센트는 빈 공간에 존재한다"는 것이었다. 앞서 말했듯이 이 에너지는 우주상수를 낳고, 우주상수는 공간 전체에 밀어내는 힘을 발휘하여 우주의 팽창을 가속시킨다(즉, 팽창속도가 점점 느려지는 것이 아니라, 점점 빨라진다).

앞에서 말한 대로 우주적 시간스케일에서 우주의 팽창속도가 점점 빨라지고 있다면, 현재 우주의 나이는 팽창속도가 점점 느려진 경우보다 훨씬 많을 것이다. 또한, 특정 은하의 적색편이가 주어졌을 때, 팽창속도가 점점 느려진 경우보다 더욱 먼 과거를 돌아볼 수 있다. 이는 곧 은하들이 더 긴 시간 동안 우리로부터 멀어져 왔다는 뜻이고, 그곳으로부터 도달한 빛은 (팽창속도가 서서히 느려진 경우보다) 더 먼 과거에 방출되었음을 의미한다. 그러므로 은하 속에서 어떤 초신성의 적색편이가 관측되었다면, 이 천체는 좀 더 최근에 빛을 방출한 경우보다 희미하게 보일 것이다. 가까운 은하들을 대상으로 거리에 따른 속도의 변화를 그래프로 그려 보면 곡선의 기울기로부터 현재 우주의 팽창속도를 알 수 있으며, 멀리 있는 초신성을 대상으로 작성한 동일 그래프에서 곡선이 휘어진 방향은 우주적 시간스케일에서 팽창속도가 빨라지고 있는지, 또는 느려지고 있는지를 말해준다.

나와 논쟁을 벌이고 2년이 지난 후, 사울 펄무터와 그의 동료들(이들 중 일부는 초신성우주론프로젝트Supernova Cosmology Project라는 국제연구팀의

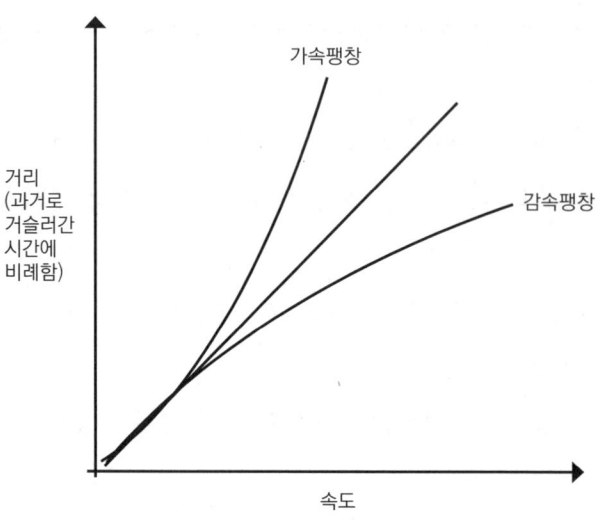

일원이었다)은 초기 관측데이터에 기초하여 우리가 틀렸음을 입증하는 논문을 발표했다(이들은 논문에서 터너와 내가 틀렸다는 말을 직접 하지는 않았다. 다른 관측자들과 마찬가지로 이들 역시 우리의 제안을 애초부터 신뢰하지 않았기 때문일 것이다). 이들이 제시한 데이터에 의하면 거리와 적색편이 사이의 관계를 나타내는 곡선이 아래쪽으로 휘어져 있어서, 빈 공간에 담겨 있는 에너지의 상한선이 "현재 존재하는 총에너지의 상당 부분을 차지하기 위해 요구되는 양"보다 적은 것으로 나타났다.

　그러나 천문학계에서 늘상 그래 왔듯이, 초기 데이터는 모든 데이터를 대표하지 않는다. 통계자료가 부적절하거나 예상치 못한 실수가 데이터에 영향을 주었다 해도, 데이터의 양이 충분하지 않으면 잘못을 알아내기가 쉽지 않다. 초신성우주론프로젝트팀에서 발표한 논문이 바로 이런 경우였다.

하이-Z 슈퍼노바 서치팀High-Z Supernova Search Team은 호주의 스트롬로산 천문대Mount Stromlo Observatory의 브라이언 슈미트Brian Schmidt가 이끄는 또 하나의 초신성관측팀이다. 이들은 사울 펄무터와 동일한 연구를 수행하여 완전히 다른 결과를 얻었다. 최근에 브라이언은 나와 만난 자리에서 이렇게 털어놓았다. "우주의 팽창이 가속되고 있고 진공에너지가 존재한다는 결과가 나오자마자 우리는 망원경을 끄고 논문을 작성했다. 그러나 학술지 측에서는 초신성우주론프로젝트팀이 우주가 평평하다는 것을 이미 입증했으므로 우리의 결론이 틀렸다고 통보해왔다."

그 후로 두 연구팀은 여러 차례에 걸쳐 논쟁을 벌였으며, 이들이 노벨상을 나눠 가진 후로는 경쟁이 더욱 치열해졌다.* 사실, 누가 먼저인지는 중요하지 않다. 중요한 것은 1998년에 슈미트의 연구팀이 "팽창이 가속되고 있다"는 취지의 논문을 발표했다는 사실이다. 그로부터 약 6개월 후, 펄무터의 연구팀은 이와 비슷한 내용을 발표하여 하이-Z 연구팀의 결과를 재확인했고, 자신이 연구 초기에 저질렀던 실수를 인정했다. 어쨌거나 이들이 내린 결론은 빈 공간이 에너지로 가득 차 있다는 것이었다(지금은 이것을 '암흑에너지dark energy'로 부르고 있다).

이들이 얻은 결과는 과학계에 정말 빠르게 수용되었다. 그동안 머릿속에 그려왔던 우주의 모습을 처음부터 다시 그려야 할 정도로 파격적인 주장이었음에도 불구하고, 거의 하룻밤 사이에 우주론의 대세가

* 이 책이 인쇄되던 중에 사울과 브라이언은 하이-Z 슈퍼노바 서치팀의 일원인 애덤 라이스Adam Reiss와 함께 2011년의 업적을 인정받아 노벨 물리학상을 공동으로 수상했다.

되어 있었다(그 이유를 밝히는 것도 과학사회학의 흥미로운 연구과제로 떠올랐다). 칼 세이건은 "비범한 주장은 비범한 증거를 필요로 한다"고 말한 적이 있는데, 이들의 주장이야말로 전례를 찾아볼 수 없을 정도로 비범한 것이었다.

나는 1998년에 발행된 《사이언스》지의 표지를 보고 크게 놀랐다. 이 잡지는 우주의 팽창이 가속되고 있음을 알아낸 것이 그해 최고의 과학적 발견이라고 소개하면서, 충격을 받은 듯한 아인슈타인의 얼굴을 함께 그려놓았다.

내가 놀란 것은 이 내용이 표지를 장식할 정도로 대단하지 않다고 생각해서가 아니다. 사실은 그 반대였다. 우주의 팽창속도가 정말로 빨라지고 있다면, 그것은 현대천문학에서 가장 중요한 발견임이 분명하다. 그러나 본문에 제시된 관측데이터는 그 가능성을 강하게 시사하고 있을 뿐, 결정적인 증거는 아니었다. 그래서 나는 모든 사람들이 우주 상수라는 새로운 유행으로 몰려들기 전에, 동일한 관측결과를 유발할 수 있는 다른 가능성을 철저히 파헤쳐서 논리적으로 완전히 배제시키는 것이 급선무라고 생각했다. 그 무렵에 나는 한 기자와 인터뷰를 하면서 이런 말을 한 적이 있다. "나는 관측자들이 우주상수를 발견했다고 주장했을 때부터, 연구 인생 처음으로 그 존재를 믿지 않게 되었습니다."

나의 반응이 별로 진지하게 보이지 않았겠지만, 사실 나는 거의 10년 동안 몇 가지 다른 가능성을 연구해오고 있었다. 나는 이론학자의 한 사람으로서, 새로운 실험을 촉진하는 가설은 항상 바람직하다고 생각한다. 그러나 실제 데이터를 분석할 때에는 가능한 한 보수적 관점을 고수할 필요가 있다. 나는 입자물리학을 연구하면서 자극적이고 흥미로운 아이디어가 틀린 것으로 판명되는 사례를 수도 없이 보아 왔다. 제5의 힘을 발견했다는 주장에서 시작하여 새로운 소립자를 발견했다거나 우리의 우주가 회전하고 있다는 파격적인 주장에 이르기까지, 수많은 아이디어들이 학계를 떠들썩하게 만들었다가 소리 소문 없이 사라졌다.

우주의 팽창속도가 빨라지고 있다는 주장의 가장 큰 쟁점은 초신성의 밝기였다. 관측을 통해 확인된 초신성의 밝기가 '우주의 팽창속도가 느려진다고 가정했을 때 예상되는 밝기'보다 어둡게 나타났기 때문에 그와 같은 결론이 내려진 것이다. 그러나 이것은 가속팽창 때문이 아니라 (1)원래 어두운 초신성이었거나 (2)은하의 내부, 또는 은하들

사이에 퍼져 있는 먼지가 초신성의 빛을 부분적으로 차단했기 때문일
수도 있다.

그러나 향후 10년 동안 가속팽창을 입증하는 증거들이 속속 발견
되어, 지금은 반박의 여지가 거의 남아 있지 않다. 무엇보다도 적색편
이가 크게 나타나는 초신성이 많이 발견되었는데, 두 연구팀이 발표한
논문에는 다음과 같은 그래프가 증거자료로 실려 있다.

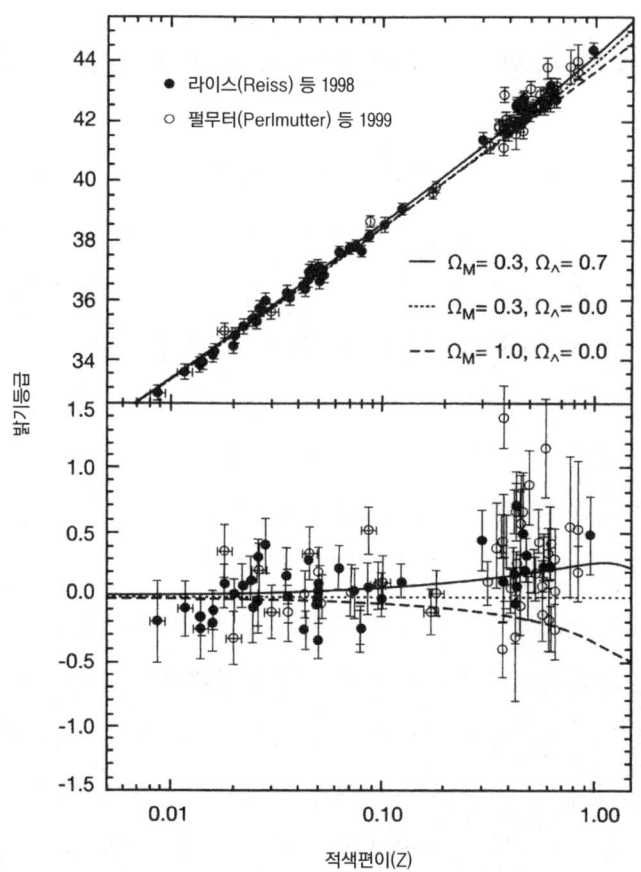

거리에 따른 적색편이의 변화곡선이 어느 쪽으로 휘어졌는지 눈으로 쉽게 판단하기 위해 위쪽 그림의 왼쪽 아래에서 오른쪽 위로 향하는 점선(직선)을 그려 넣었다. 그 주변에 찍힌 점들은 가까운 초신성을 관측하여 얻은 값을 나타내고, 직선의 기울기는 현재 우주의 팽창속도를 말해준다. 아래쪽 그림에도 수평방향으로 점선이 그려져 있는데, 1998년에 다수의 짐작대로 우주의 팽창속도가 느려지고 있다면, 적색편이 (Z)＝1.00 근처에서 멀리 있는 초신성 데이터는 수평기준선 아래쪽에 있어야 한다. 그러나 그림에서 보다시피 대부분의 데이터는 수평선 위쪽에 모여 있는데, 그 이유는 다음의 두 가지 중 하나이다.

1. 데이터가 틀렸거나
2. 우주의 팽창속도는 점점 빨라지고 있다.

일단 두 번째 가능성을 수용하고 하나의 질문을 던져보자. "관측데이터가 제시하는 것처럼 가속팽창이 진행되려면, 빈 공간에 얼마나 많은 에너지가 존재해야 하는가?" 위의 그래프에서 데이터와 가장 잘 일치하는 실선은 "30퍼센트의 (물질 속) 에너지와 70퍼센트의 빈 공간으로 이루어진 평평한 우주"에 해당하는데, 이것은 "우주가 평평하기 위해 요구되는 질량의 30퍼센트는 은하와 성단 주변에 존재한다"는 주장과 거의 완벽하게 일치한다.

그러나 우주의 99퍼센트가 눈에 보이지 않는다는 주장(눈에 보이는 1퍼센트의 물질은 암흑물질의 바닷속에 잠겨 있고, 이들 모두는 빈 공간의 에너지로 둘러싸여 있다)도 칼 세이건이 말했던 '비범한 주장'에 속하므로, 앞에서 말한 첫 번째 가능성, 즉 관측데이터가 틀렸을 가능성도 신중하게 고려해 볼 필요가 있다. 그동안 우주론과 관련된 모든 데이터들은 "대부분의 에너지가 빈 공간에 존재하고, 눈에 보이는 물질은 총에너지의 1퍼센트가 채 되지 않으며, 아직 알려지지 않은 미지의 입자들이 눈에 보이지 않는 물질을 구성하고 있는 평평한 우주"를 꾸준하게 지지해왔다.

새로운 관측위성 덕분에 별의 진화와 관련된 데이터가 업데이트되면서, 천문학자들은 오래된 별의 구성성분에 대해서도 새로운 정보를 얻을 수 있게 되었다. 브라이언 셰보이어와 나는 이 데이터에 기초하여 2005년에 우주 나이의 불확정성을 산출했고, 우주가 110억 년보다 젊을 가능성을 완전히 배제시켰다. 이것은 "빈 공간에 에너지가 들어 있지 않다"고 주장하는 모든 우주모형과 상충되는 결과였으나, 우리는 이 에너지가 우주상수라는 확신이 없었다. 그래서 천문학자들은 지금도 이 에너지를 은하에 퍼져 있는 암흑물질과 비슷하게 '암흑에너지'라는 단순한 이름으로 부르고 있다.

그 후 과학자들은 2006년에 WMAP위성이 관측한 마이크로파 우주배경복사 데이터에 기초하여 빅뱅 후 지금까지 흐른 시간을 4자릿수까지 정확하게 산출해냈는데, 그 결과는 137억 2천만 년이었다!

사실 나는 우주의 나이가 이 정도로 정밀하게 밝혀지리라고는 꿈에도 생각하지 못했다. 그러나 이제 정확한 값이 주어졌으니, "137억 2천만 년의 역사를 가진 우주가 지금과 같은 팽창속도를 유지하려면 암흑에너지가 존재해야 한다"는 것을 사실로 받아들일 수밖에 없다. 게다가 이 암흑에너지는 근본적으로 우주상수를 통해 나타나는 에너지와 다르지 않다. 다시 말해서, 시간이 흘러도 그 양이 변하지 않는다는 것이다.

그 후 관측자들은 은하의 형태로 존재하는 물질들이 우주적 시간 스케일에서 한 곳에 뭉치는 과정을 정확하게 알아냈는데, 이 결과는 우주의 팽창속도에 따라 달라진다. 은하들끼리 서로 잡아당기는 중력과 물질을 서로 떼어놓으려는 팽창 효과가 경쟁을 벌이고 있기 때문이다. 빈 공간에 에너지가 많을수록 우주는 더욱 빠른 시간 안에 이 에너지로 가득 차게 되고, 팽창에 의한 효과가 중력에 의한 붕괴를 저지하는 시점도 한층 더 빨리 찾아올 것이다.

관측자들은 중력에 의한 밀집 효과를 측정하여, 거시적 스케일에서 관측결과와 일치하는 것은 평평한 우주뿐이라는 결론을 내렸다. 그리고 이 평평한 우주의 70퍼센트는 우주상수로 표현되는 암흑에너지로 이루어져 있다.

이것은 우주팽창의 역사를 간접적으로 추정한 결과이다. 그러나 우주의 역사를 '직접' 바라보고 있는 초신성관측자들은 잘못된 결과가 초래될 수 있는 가능성을 철저히 분석하고 있다. 특히 그들은 우주먼지 때문에 초신성이 어둡게 보이는 경우를 확인하여 하나씩 제거해 나가고 있다.

이들이 시도하고 있는 중요한 테스트 중 하나는 시간을 거슬러 가는 것이다.

우주의 초창기에는 현재 관측 가능한 우주가 훨씬 작은 영역에 한정되어 있었고, 물질의 밀도는 지금보다 훨씬 높았다. 그러나 빈 공간의 에너지는(이것이 우주상수, 또는 그와 비슷한 무언가를 반영하고 있다면) 그때나 지금이나 동일한 값을 유지하고 있다. 그러므로 우주의 크기가 지금의 절반 이하였던 무렵에 물질의 에너지밀도는 빈 공간의 에너지밀도보다 높았을 것이다. 그리고 이보다 전에는 빈 공간이 아닌 물질이 막강한 중력을 발휘하여 우주의 팽창속도를 늦췄을 것이다.

고전역학에서는 계의 가속도가 변하는 시점, 특히 가속도가 음수에서 양수로 변하는 시점(감속 → 가속)을 '저크jerk(한국어에는 이에 해당하는 단어가 없다. 굳이 번역을 한다면 수학에서 말하는 '변곡점' 정도가 될 것이다-옮긴이)'라 한다. 2003년에 나는 내가 속해 있는 대학(케이스웨스턴리저브대학)에서 우주론의 미래를 가늠하는 학회를 주최했는데, 하이-Z 슈퍼노바 서치팀의 일원인 애덤 라이스가 꼭 발표하고 싶은 내용이 있다고 해서 그를 연사로 초빙했다. 그리고 라이스가 강연을 한 다음 날, 《뉴욕타임스》의 1면에는 그의 사진과 함께 다음과 같은 기사가 헤드라인을 장식했다. "우주의 저크jerk가 발견되다." 나는 그 사진을 다운로드하여, 주변 사람들에게 재미 삼아 간간이 보내주곤 했다.

우주의 팽창이 감속모드에서 가속모드로 변한다는 주장은 암흑에너지의 존재를 시사하는 기존의 관측결과에 상당한 힘을 실어주었다. 지금은 그 외에 다양한 관측데이터가 확보되어 있어서, 우리가 잘못된 길로 접어들었을 가능성은 거의 없어 보인다. 좋건 싫건, 암흑에너지가 지금 이곳에 존재한다는 것을 사실로 받아들일 수밖에 없는 상황이다.

암흑에너지의 기원은 앞으로 물리학자들이 풀어야 할 가장 큰 수수께끼이다. 그것은 어떻게 존재하게 되었으며, 왜 지금과 같은 값을 갖게 되었는가? 아직은 밝혀진 것이 하나도 없다. 따라서 암흑에너지가 지난 50억 년 사이에 중력을 이기고 우주의 팽창을 선도하게 된 이유도 알 길이 없다. 지금 우리의 눈에 보이는 자연은 우주의 기원과 어떻게든 연결되어 있을 것이다. 그리고 모든 정황을 고려해볼 때, 우주의 미래도 우주의 기원에 의해 이미 결정되어 있을 가능성이 높다.

6장 우주 최후의 순간에 주어지는 공짜선물

우주는 크다. 커도 보통 큰 것이 아니라, 상상할 수 없
을 정도로 크다. 당신은 약국까지 가는 길이 엄청나게
멀다고 생각하겠지만, 우주에 비하면 새 발의 피에 불
과하다.

— 더글러스 애덤스(Douglass Adams),
『은하수를 여행하는 히치하이커를 위한 안내서
(The Hitchhiker's Guide to the Galaxy)』

우리 우주론학자들은 우주가 평평할 것으로 추측했고, 결국 옳은 것으로 판명되었다. 그래서 우리는 우주의 팽창을 선도할 정도로 충분한 양의 에너지가 빈 공간에 존재한다는 주장이 제기되었을 때에도 별로 당황하지 않았다. 물론 이런 에너지의 존재를 선뜻 믿기는 어렵지만, 이 에너지 때문에 생명체가 살 수 없게 된다는 것은 더 믿기 어렵다. 만일 빈 공간의 에너지가 앞에서 제시한 값만큼 크다면(우주에 존재하는 모든 물질에너지의 10^{120}배), 팽창속도가 너무 빨라서 지금 우리 눈에 보이는 모든 만물은 우주 초기에 우주지평선 너머로 사라졌을 것이고, 별과 태양, 그리고 지구가 생성되기 훨씬 전에 이미 우주는 차갑고 어두우면서 텅 빈 공간이 되었을 것이다. 이런 곳에서는 결코 생명체가

탄생할 수 없다.

우주가 평평하다고 주장하는 데에는 여러 가지 근거가 있지만, 그 중에서 가장 이해하기 쉬운 근거는 과거부터 대부분의 사람들이 우주가 평평할 것이라고 짐작해왔다는 사실, 그 자체이다. 암흑물질의 존재가 알려지기 전에도 은하의 내부와 그 주변에서 발견된 '눈에 보이는 물질'은 우주가 평평하기 위해 요구되는 양의 1퍼센트에 불과했다.

1퍼센트면 그다지 많은 양은 아니다. 그러나 우리는 우주의 나이가 정말로 많다는 점을 상기할 필요가 있다. 물질과 복사에 작용하는 중력이 우주의 팽창을 억제해왔다면(물리학자들은 그렇게 생각해왔다), 그리고 우주가 완전하게 평평하지 않다면, 팽창할수록 점점 더 평평함에서 멀어진다.

열린 우주는 닫힌 우주보다 팽창속도가 빨라서 물질들이 더 멀리 흩어진다. 따라서 열린 우주의 평균밀도는 평평한 우주가 되기 위해 요구되는 밀도보다 훨씬 작다.

만일 우주가 닫혀 있다면 팽창속도가 점점 느려지면서 결국은 안으로 붕괴될 것이다. 팽창하는 동안에는 우주의 밀도가 평평한 우주의 경우보다 서서히 감소하다가 붕괴모드로 접어들면서 밀도가 증가하기 시작하여, 시간이 흐를수록 평평한 우주의 밀도에서 멀어지게 된다.

빅뱅 후 1초가 지난 시점부터 지금까지, 우주는 약 1조 배쯤 커졌다. 빅뱅 후 1초가 되기 전에 우주의 밀도가 당시 평평한 우주가 되는 데 필요한 밀도의 10퍼센트였다면, 현재 우주의 밀도는 평평한 경우의

1조 분의 1에 불과할 것이다. 현재 눈에 보이는 물질의 양은 평평한 우주에서 요구되는 양의 100분의 1인데, 1조 분의 1이면 엄청나게 큰 차이다. 다시 말해서, 평평한 우주가 되려면 초기에 존재했던 물질의 양이 거의 '기적처럼' 맞아 떨어져야 한다는 것이다.

이 사실은 1970년대부터 학자들 사이에 잘 알려져 있었다. 그들은 이 기적 같은 우연의 일치를 '편평성문제Flatness Problem'라고 불렀다. 우주의 기하학적 구조를 규명하는 것은 테이블 위에서 연필을 수직으로 세우는 것만큼 예민한 문제이다. 균형이 조금만 어긋나도 연필은 당장 쓰러진다. 그런데 우주는 (완벽하게 평평하지는 않더라도) 어떻게 거의 평평한 구조를 갖게 되었을까?

"우주는 본질적으로 평평하다"고 생각하면 그만일 것 같지만, 과거의 우주를 상상해 보면 결코 그렇지 않다. 우주 초기에 지금의 우주를 형성하는 데 영향을 미쳤을 초기조건들이 평평한 우주에 걸맞도록 완벽하게 세팅되어 있어야 한다. 여기서 조금만 벗어나면 우주는 완전히 다른 모습으로 진화했을 것이다. 이런 일이 어떻게 가능하다는 말인가?

이 질문에는 두 가지 답이 주어져 있는데, 첫 번째 답을 제시한 사람은 앨런 구스Alan Guth였다. 1981년, 스탠퍼드대학에서 이론물리학 박사후과정(포스트닥, postdoctorial)을 밟고 있던 그는 편평성문제와 함께 빅뱅과 관련된 두 가지 문제 — 지평선문제Horizon Problem와 자기홀극문제Monopole Problem를 연구하고 있었다(자기홀극문제는 앞의 두 문제를 더욱 악화시킬 뿐, 새로운 문제가 아니므로 이 책에서는 다루지 않기로 한다).

지평선문제는 마이크로파 우주배경복사가 우주 전역에 걸쳐 '너무나 고르게' 퍼져 있다(즉, 우주배경복사의 온도가 너무 균일하다)는 데서 기인한 문제이다. 앞에서 말한 바와 같이, 온도가 조금만 다르면 우주 탄생 후 수십만 년이 지난 시점에서 물질과 복사의 밀도는 거의 1만 배까지 달라진다. 그래서 나는 작은 변화에 집중하다가 이런 질문을 떠올렸다. "우주는 왜 이토록 균일한가?"

3장에서 보았던 마이크로파 우주배경복사의 지도(이 그림에서는 온도 차이가 평균온도의 10만 분의 1만 되어도 다른 색상으로 구별해놓았다)를 선형적 스케일로 다시 그리면 아래 그림과 같다(온도의 차이를 명암의 차이로 나타낸 그림. 배경복사의 평균온도는 2.72K이며, 온도차이가 ±0.03K 이상일 때만(즉, 평균온도의 약 1/100 이상일 때만) 다른 명암으로 표현한 것이다).

보다시피 이 그림에서는 지역에 따른 차이가 전혀 눈에 띄지 않는다. 이해를 돕기 위해 다른 그림과 비교해 보자. 다음 그림은 지구중심으로부터 각 지역의 거리, 즉 반지름의 변화를 색상으로 나타낸 것인

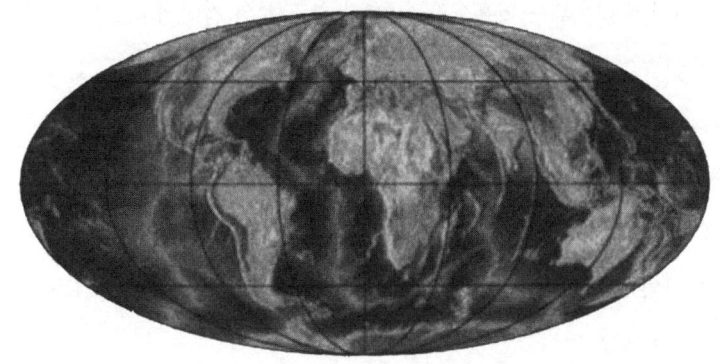

데, 평균 반지름의 1/500 이상 차이가 나는 곳은 다른 색상으로 표현되어 있다(지구의 중심으로부터 거리가 멀다는 것은 지대가 높다는 뜻이다. 육지는 해저면보다 지대가 높기 때문에 각 대륙의 모습이 선명하게 나타나 있다─옮긴이).

두 그림을 비교해 보면 알겠지만, 큰 스케일에서 볼 때 우주는 정말 믿기 어려울 정도로 균일하다!

어떻게 이럴 수가 있을까? 탄생 직후의 우주가 초고온, 초고밀도에 열적 평형을 이룬 상태였다면 그럴 수도 있다. 열적 평형을 이루려면 초창기 우주의 '원시수프' 속에서 모든 곳의 온도가 균일해질 때까지 뜨거운 지점은 식고 차가운 지점은 데워져야 한다.

그러나 앞서 말한 바와 같이 빅뱅 후 수십만 년이 지났을 때 공간을 가로지르던 빛은 수십만 광년밖에 진행하지 못한 상태였으며(빛의 수명이 우주의 수명보다 길 수는 없다!), 이 거리는 현재 관측 가능한 우주의 크기와 비교할 때 극히 일부분에 불과하다(수십만 광년은 지구에서 1도의 시야각에 대응되는 최후산란표면(3장 참조)상의 거리에 해당한다). 그런데 아인슈타인의 특수상대성이론에 의하면 어떠한 정보도 빛보다 빠르게 전달될 수 없으므로, 빅뱅 후 수십만 년이 지났을 때 현재 관측 가능한 우주의 한 부분이 1도의 시야각 이상 떨어져 있는 다른 부분의 온도에 영향을 받는다는 것은 있을 수 없는 일이다. 그런데 무슨 수로 우주 전체가 거의 동일한 온도로 통일되어 있다는 말인가? 상식적으로 납득이 안 된다!

입자물리학자였던 앨런 구스는 이 문제를 해결하기 위해 초기우주에서 일어났던 일련의 사건들을 상상하다가 기발한 아이디어를 떠올렸다. 과거에 우주가 식으면서 모종의 위상변화phase transition(물이 얼어서 얼음이 되거나, 철이 식으면서 자화(磁化)되는 것도 일종의 위상변화이다)를 겪었다고 가정했더니, 지평선문제와 편평성문제가 일거에 해결되었던 것이다(물론 자기홀극문제도 함께 해결되었다).

차갑게 식힌 맥주를 좋아하는 사람이라면 다음과 같은 일을 겪은 적이 있을 것이다. 냉장고에서 시원한 맥주병을 꺼내 뚜껑을 따면 병 내부의 압력이 외부로 분출되면서 갑자기 맥주가 얼어붙는 경우가 있다(심지어는 병이 깨지기도 한다). 고압상태에서 '맥주가 선호하는 최저에너지상태'는 액체상태였는데, 압력이 분출되면서 이것이 고체상태로 바뀌었기 때문이다. 이처럼 한 위상의 최저에너지상태가 다른 위상의 최저에너지상태보다 낮은 에너지를 갖고 있을 때 위상변화가 일어나면 에너지가 외부로 방출되는데, 이것을 잠열(潛熱, latent heat)이라 한다.

빅뱅 후 우주가 팽창함에 따라 온도가 내려가고, 팽창하는 우주에서 물질과 복사의 배열이 한동안 어떤 준안정상태metastable state에 '갇혀 있다가' 충분히 식은 후에 자신이 선호하는 상태로 갑자기 위상변화를 일으켰을 수도 있다. 그렇다면 위상변화가 완료되기 전에 우주의 '가짜진공false vacuum'에 저장되어 있던 에너지(원한다면 이것을 '잠열'이라 불러도 상관없다)는 위상변화가 일어나기 전까지 우주의 팽창에 커다란 영향을 미쳤을 것이다 — 이것이 바로 구스의 머릿속에 떠오른 생각이었다.

가짜진공에너지는 공간 전체에 퍼져 있다는 점에서 우주상수로 표현되는 에너지와 비슷하다. 이 무렵에 우주의 팽창속도는 가짜진공에너지 때문에 점점 더 빨라지다가, 결국에는 빛보다 빠르게 팽창하기 시작했다. 뭐? 빛보다 빠르다고? 그렇다. 일반상대성이론은 그것을 허용하고 있다. 물론 아인슈타인의 특수상대성이론에 의하면 그 어떤 것도 빛보다 빠르게 움직일 수 없지만, 우주의 팽창과정을 이해하려면 마치 변호사가 된 기분으로 이 원칙을 자세히 풀어서 재해석할 필요가 있다. 특수상대성이론이 주장하는 바는 그 어떤 것도 빛보다 빠른 속도로 "공간을 가로질러갈 수 없다"는 것이다. 그러나 적어도 일반상대성이론의 범주 안에서 공간은 그 어떤 짓도 할 수 있다. 예를 들어 여러 개의 물체들이 공간의 각 지점에 고정되어 있다 해도, 공간 자체가 팽창하면 이들 사이의 거리는 멀어진다. 그리고 공간이 팽창하는 속도에는 아무런 제한이 없다.

이 '인플레이션(급팽창)'시기에 우주공간은 10^{28}배 이상 팽창할 수 있는 것으로 밝혀졌다. 머릿속에 그리기는 어렵지만, 놀랍게도 초기우주에서는 이토록 막대한 규모의 팽창이 아주 짧은 시간 안에 일어날 수 있었다. 그렇다면 현재 관측 가능한 우주 안에 포함되어 있는 모든 만물들은 인플레이션이 일어나기 전에 지극히 작은 영역에 갇혀 있었던 셈이다. 이 영역은 인플레이션이 일어나지 않았다는 가정하에 팽창과정을 역으로 추적했을 때 추정되는 영역보다 훨씬 작다. 여기서 중요한 것은 초기우주가 충분히 작아서 모든 영역이 열적으로 평형상태에 도달하여 같은 온도로 통일될 시간이 충분했다는 점이다.

인플레이션이론을 수용하면 또 다른 예측도 가능하다. 예를 들어 풍선에 공기를 불어넣어서 크기를 점점 키우면 표면의 곡률은 점점 작아진다. 우리의 우주에서도 인플레이션(가짜진공에너지에 의한 급속팽창)에 의해 이와 비슷한 일이 일어났다. 인플레이션이 끝날 때쯤(이것으로 지평선문제는 해결되었다) 우주공간의 곡률은 (처음에 0이 아니었다면) 거의 0에 가까워졌고, 지금도 다양한 관측을 통해 거의 평평한 것으로 드러나고 있다.

인플레이션은 소립자의 상호작용에 기초하여 현재 우주의 균일성과 편평성을 동시에 설명해주는 유일한 이론이다. 그러나 인플레이션은 여기서 멈추지 않고 더욱 놀라운 예측을 내놓았다. 앞서 말한 대로 양자역학의 법칙에 의하면 텅 빈 공간은 아주 작은 스케일에서 아주 짧은 시간 동안 수많은 가상입자와 이들이 만든 장(場)으로 격렬하게 요동칠 수 있다. 흔히 '양자요동quantum fluctuation'으로 불리는 이 현상은 양성자와 원자의 특성을 결정하는 데 중요한 역할을 하지만, 큰 스케일에서는 거의 감지되지 않는다. 양자요동이 부자연스럽게 느껴지는 것도 이런 이유 때문이다.

그러나 이 양자요동은 인플레이션이 일어나는 동안 작은 영역들의 급속 팽창이 끝나는 시점을 결정할 수 있다. 수많은 미세영역들이 각기 다른 시간대에(아주 미세하게 다른 시간에) 인플레이션을 종료했다면, 가짜진공에너지가 열에너지의 형태로 방출되었을 때 물질과 복사의 밀도도 각 영역마다 달랐을 것이다.

인플레이션 직후에 나타난 밀도의 요동패턴은(다시 한번 강조하건대, 이 요동은 양자요동에서 비롯된 것이다) 마이크로파 우주배경복사에 나타난 뜨거운 지점과 차가운 지점의 거시적 패턴과 정확하게 일치하는 것으로 밝혀졌다. 아직 증명되지는 않았지만, 우주론학자들 사이에서는 "오리처럼 생기고 오리처럼 걸으면서 오리처럼 꽥꽥 짖는다면, 그것은 오리일 가능성이 높다"는 여론이 지배적이다. 인플레이션에 의해 물질과 복사의 밀도에 작은 요동이 생기고, 이것이 훗날 중력을 통해 한 곳으로 뭉쳐서 은하와 별, 행성, 그리고 인간이 탄생했다면, 지금 우리가 존재하는 것은 결국 무(無)에서 생성된 양자요동 덕분이라고 할 수 있다.

정말 놀랍지 않은가? 눈에 전혀 보이지 않는 양자요동이 인플레이션에 의해 동결되었다가 훗날 밀도의 요동으로 환생하여 지금 우리 눈에 보이는 모든 우주 만물을 만들었다! 폭발한 별의 잔해들이 다시 뭉쳐서 인간이 된 게 사실이라면, 그리고 인플레이션이 정말로 일어났다면, 우리 모두는 양자적 무(無)에서 탄생한 셈이다.

우리의 직관과는 너무도 동떨어진 이야기다. 마치 무슨 마술쇼를 보는 것 같다. 그러나 만병통치약에 마술 같은 인플레이션도 나름대로 골치 아픈 문제를 안고 있다. 무엇보다도 에너지의 출처가 모호하다는 점이 문제이다. 처음에는 미시적 스케일의 작은 영역이었는데, 지금은 물질과 복사로 가득 찬 우주적 스케일의 공간으로 자라났다. 이런 일이 어떻게 가능하다는 말인가?

좀 더 일반적인 질문을 던져보자. "팽창하는 우주에서 우주상수나 가짜진공에너지의 밀도가 어떻게 동일한 값을 유지할 수 있는가?" 공간이 빠르게 팽창하는데도 에너지밀도가 같은 값으로 유지되었다는 것은 총에너지가 공간과 함께 빠르게 증가했다는 뜻이다. 그렇다면 에너지보존법칙은 어떻게 되는가?

앨런 구스는 이것을 '궁극적인 공짜ultimate free lunch'라고 불렀다. 중력에 의한 효과를 고려할 때, 우주에 존재하는 물체들은 (놀랍게도) '양'의 에너지와 '음'의 에너지를 모두 가질 수 있다. 그리고 물질이나 복사와 같은 양에너지 성분이 음에너지 성분과 적절한 균형을 이루어 지금과 같은 양에너지 물질과 복사가 남게 된 것이다. 즉, 중력은 빈 공간에서 시작하여 가득 찬 공간에서 끝을 맞이하게 된다.

독자들은 이 논리도 수상쩍다고 생각하겠지만, 사실 이것은 우주가 평평하다고 믿는 우리들에게는 가장 매력적인 논리이다. 또한, 이것은 고등학교 물리교과과정에 단골로 등장하는 개념이기도 하다.

허공을 향해 던져진 야구공을 생각해 보자. 특별한 사연이 없는 한, 이 야구공은 다시 아래로 떨어진다. 좀 더 빠른 속도로 던지면(이 실험은 실내가 아닌 야외에서 진행되는 중이다) 야구공의 체공시간이 길어지지만 결국은 다시 떨어진다. 그러나 충분히 빠른 속도로 던지면 지구의 중력장을 벗어나 우주로 날아가 버린다. 즉, 야구공이 지구의 중력을 '탈출'한 것이다. 이때 탈출을 위해 요구되는 최소한의 초속도(처음 속도)를 '탈출속도escape velocity'라 한다.

야구공이 지구를 탈출하려면 지상에서 얼마나 빠른 속도로 출발해야 하는가? 이 값은 간단한 에너지 계산을 통해 알 수 있다. 지구의 중력장 하에서 움직이는 물체들은 두 종류의 에너지를 갖고 있다. 하나는 '운동'을 뜻하는 그리스어에서 유래된 '운동에너지kinetic energy'로서, 물체의 질량과 속도에 따라 값이 달라지지만 항상 양(+)수라는 특징이 있다. 다른 하나는 '위치에너지potential energy(일을 할 수 있는 잠재적 능력과 관련된 에너지)'인데, 운동에너지와 달리 일반적으로 음(−)의 값을 갖는다.

에너지의 부호가 이렇게 된 이유는 두 물체(예를 들면 지구와 야구공)가 무한히 멀리 떨어져 있으면서 정지해 있을 때 중력에 의한 총에너지를 0으로 정의했기 때문이다. 정지해 있는 물체의 운동에너지는 당연히 0이므로, 무한히 멀리 떨어져 있을 때 위치에너지를 0으로 정의하면 중력에 의한 총에너지는 0이 된다.

여러 개의 물체들이 사방에 흩어져 있는 계를 떠올려보자. 이들 중 우리가 관심을 갖고 있는 하나의 물체(A, 예를 들면 야구공)가 있는데, A와 다른 물체들 사이의 거리는 모두 유한하고 특정 물체(B, 지구라고 생각하면 된다)와 유별나게 가까운 거리에 있다면, A는 중력에 끌려 B를 향해 떨어질 것이다. 그런데 다들 알다시피 중력에 끌려 떨어지는 물체는 시간이 흐를수록 속도가 점점 빨라진다. 그러다가 무언가에 부딪히면 어떤 형태로든 '일work'을 하게 된다. 예를 들면 A가 당신의 머리에 떨어져 상처를 내는 식이다. 여기서 A와 B의 최초 거리가 가까울수록(즉, 야구공이 떨어진 고도가 낮을수록) 충돌했을 때 발휘할 수 있는 일의 양은 작아진다. 즉, 두 물체 사이의 거리가 가까울수록 위치에너지가 감소하는 것이다. 그런데 두 물체가 무한히 멀리 떨어져 있을 때 위치에너지를 0으로 정의했으므로, 야구공과 지구 사이의 거리가 가까울수록 야구공의 위치에너지는 절댓값이 큰 음수가 된다. 지구와 가까울수록 야구공이 발휘할 수 있는 일의 양이 감소하기 때문이다.

고전역학에서는 위치에너지를 정의할 때 약간의 임의성을 허용하고 있다. 우리는 물체의 위치에너지가 0인 기준점을 지표면으로 잡을 수도 있고, 고층건물의 옥상에 놓여 있는 테이블 면으로 잡을 수도 있다. 이렇게 하면 무한히 멀리 떨어져 있는 물체의 위치에너지는 아주 큰 값이 될 것이다. 무한대의 거리에서 물체의 총에너지를 0으로 정의한 것은 물리학적으로 타당하긴 하지만, 사실은 계산상의 편의를 고려한 정의일 뿐이다.

위치에너지가 0인 지점을 어디로 잡건 간에, 오직 중력의 영향만으로 움직이는 물체들은 소위 말하는 '역학적 에너지 보존법칙'을 따른다. 즉, 물체의 위치에너지와 운동에너지를 더한 값이 항상 일정하다. 지구로 떨어지는 물체는 시간이 흐를수록 위치에너지가 감소하고, 여기서 감소된 양이 운동에너지로 전환되면서 속도가 빨라지는 것이다.

이 물체가 지표면과 충돌한 후 위로 튀어 오르면, 이전과 반대로 운동에너지의 일부가 위치에너지로 전환된다.

이 사실을 이용하면 허공으로 던져진 물체가 지구를 영원히 탈출하기 위해 요구되는 속도를 계산할 수 있다. 지구를 탈출한다는 것은 지구로부터 무한히 먼 곳에 도달한다는 뜻이므로, 처음 출발할 때 총에너지가 0이거나 0보다 크면 된다. 내 손으로 야구공을 위로 던지는 경우, 내가 컨트롤할 수 있는 것은 공이 내 손을 떠나는 순간의 속도뿐이므로, 그 순간에 양(+)의 운동에너지와 지구의 중력에 의한 음(−)의 위치에니지기 동일하다는 조건으로부터 공이 지구를 탈출하기 위해 요구되는 최소한의 속도를 계산할 수 있다. 공의 운동에너지와 위치에너지는 둘 다 질량에 비례하기 때문에(즉, 등식의 양변에 똑같은 질량이 곱해져 있기 때문에) 질량에 의한 효과는 서로 상쇄되며, 총에너지가 0이라는 조건으로부터 계산된 지구표면으로부터의 탈출속도는 약 $11.2km/s$ 이다.

지금 나는 인플레이션을 논하다가 갑자기 야구공의 탈출속도를 계산했다. 물론 둘 사이에는 밀접한 관계가 있다. 지표면에서 위로 던져진 공의 탈출속도를 계산할 때 사용했던 모든 논리는 팽창하는 우주의 모든 물체에 똑같이 적용된다.

지금 우리가 있는 곳(은하수)을 중심으로 커다란 가상의 구(球)를 그려보자. 이 구는 충분히 커서 그 안에 꽤 많은 은하들을 포함하고 있지만, 현재 관측 가능한 우주보다는 훨씬 작다고 가정하자.

이 영역은 제법 크지만 엄청나게 크진 않다. 그래서 영역의 끝에 걸쳐 있는 은하들은 허블의 법칙에 따라 팽창하고 있지만, 그 속도는 광속보다 훨씬 느리다. 이제 여기에 뉴턴의 법칙을 적용해 보자. 단, 특수상대성이론과 일반상대성이론에 의한 효과는 무시하기로 한다. 다시 말해서, 위로 던져진 야구공을 서술하는 물리학이 우주 만물에 그대로 적용된다는 뜻이다.

　다음 그림과 같이 중심으로부터 멀어져 가는 은하를 생각해 보자. 이 은하는 탈출속도로 지구를 떠난 야구공처럼, 다른 은하들이 발휘하는 중력을 이기고 탈출할 것인가? 아니면 특정 시점까지 멀어지다가 다시 중심을 향해 떨어질 것인가? 이 질문의 답을 구하기 위해 우리가 수행해야 할 계산은 야구공에 대해 수행했던 계산과 완전히 똑같다. 밖으로 향하는 운동에 기초하여 은하의 총 운동에너지(양(+)의 에너지)를

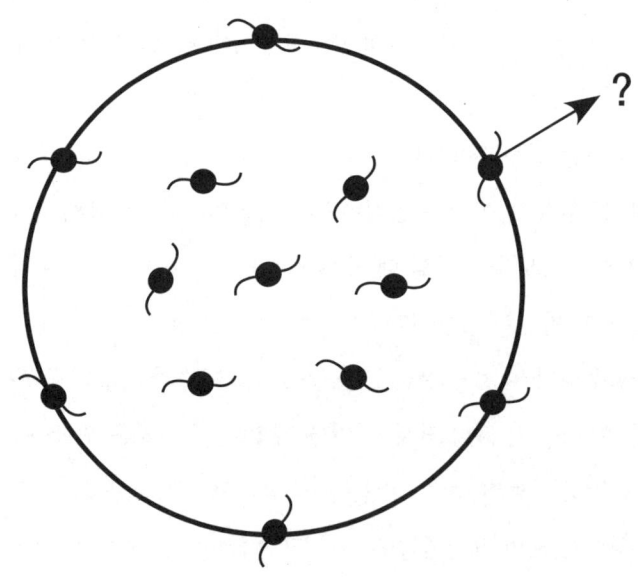

계산하고, 이웃한 은하들이 잡아당기는 중력위치에너지(음(−)의 에너지)를 계산하여 두 값을 더하면 된다. 이 결과가 0보다 크면 은하는 무한히 먼 곳까지 달아날 것이고, 0보다 작으면 어느 정도 달아난 후에 다시 중심을 향해 떨어질 것이다.

그런데 놀랍게도 은하의 총 중력에너지를 서술하는 뉴턴 방정식을 조금 수정하면, 팽창하는 우주를 서술하는 일반상대성이론의 아인슈타인 방정식과 동일한 형태가 된다. 이 경우에 은하의 총 중력에너지를 나타내는 항은 일반상대성이론에서 우주의 곡률에 해당한다.

이로부터 우리는 무엇을 알 수 있을까? 평평한 우주에서 팽창과 함께 움직이는 물체들의 평균 중력에너지가 정확하게 0이라는 것이다! 게다가 이 값이 0이 될 수 있는 경우는 오직 평평한 우주뿐이다.

평평한 우주가 특별하게 취급되는 것은 바로 이런 이유 때문이다. 이런 우주에서 양(+)의 운동에너지는 음(−)의 중력위치에너지와 정확하게 상쇄된다.

빈 공간에 에너지를 허용하면 허공에 던져진 공으로 충분했던 뉴턴방정식이 다소 복잡해지지만, 기본적인 결론은 달라지지 않는다. 평평한 우주에서는 우주상수가 0이 아닌 아주 작은 값이라고 해도 우주의 규모가 충분히 작아서 팽창속도가 광속보다 훨씬 느린 경우 모든 물체의 중력위치에너지는 0이다.

여기에 진공에너지가 개입되면 구스가 말한 '공짜'는 더욱 드라마틱해진다. 우주의 각 지역이 크게 팽창할수록 우주는 점점 더 평평해지고, 인플레이션을 통해 진공에너지에서 탄생한 모든 만물의 총 중력에너지는 정확하게 0이 된다.

그러나 아직도 질문은 남아 있다. "인플레이션이 진행되는 동안 에너지밀도는 무슨 수로 일정하게 유지되었는가? 이 에너지는 대체 어디서 온 것인가?" 바로 여기서 일반상대성이론이 기발한 트릭을 발휘한다. 음수로 표현되는 것은 물체의 중력에너지뿐만이 아니다. 상대론적 '압력'도 음수가 될 수 있다.

음의 압력(음압)은 음의 에너지보다 더 혼란스러운 개념이다. 예를 들어 풍선 속의 기체는 풍선의 내벽에 압력을 가하여 팽팽한 상태를 유지하는데, 이 과정에서 풍선이 팽창하면 기체가 풍선에 일을 한 것으로 해석할 수 있다. 그리고 이로 인해 기체는 에너지를 잃으면서 온도가 내려간다. 그러나 빈 공간의 에너지는 음압을 생성하여 '밀어내는 중력'처럼 작용하는 것으로 알려져 있다. 이 음압 때문에 팽창하는 우주는 빈 공간에 일을 하게 되고, 그 결과 공간의 에너지는 팽창의 와중에도 일정한 밀도를 유지할 수 있는 것이다.

그러므로 우주 초기에 물질과 복사의 양자적 특성이 빈 공간에 에너지를 부여했다면, 그 공간이 아무리 작다 해도 결국에는 엄청나게 커지면서 평평해질 수 있다. 이런 식으로 인플레이션이 종료되면 우주는 물질과 에너지로 가득 차고, 이들의 총 중력에너지는 거의 0에 가까워진다.

과학자들은 우주의 비밀을 거의 100년 동안 추적해온 끝에 공간의 곡률이 0이라는 사실을 기어이 밝혀냈다. 이제 독자들은 나 같은 이론가들이 평평한 우주에 매우 만족스러워하는 이유를 이해할 수 있을 것이다. 뿐만 아니라 평평한 우주는 또 다른 중요한 점을 시사하고 있다.

우리의 우주가 무(無)에서 탄생했다는 것…… 바로 그것이다.

7장 비참한 미래

미래는 더 이상 예전과 같지 않을 것이다.
— 요기 베라(Yogi Berra)

거의 대부분이 텅 비어 있는 우주공간에 우리와 같은 생명체가 존재한다는 것은 정말로 놀랍고 흥미로운 일이 아닐 수 없다. 별과 은하 등 우리 눈에 보이는 모든 천체들은 무(無)에서 출발한 양자요동으로부터 탄생했으며, 우주에 존재하는 모든 물체의 고전적(뉴턴역학적) 중력에너지의 합은 양수도, 음수도 아닌 '0'이다. 현학적 사고를 즐기는 사람이라면 지금 마음껏 상상의 나래를 펼치며 사고의 향연을 즐기기 바란다. 앞으로 나올 이야기는 그리 즐거운 내용이 아니기 때문이다. 위에 언급한 내용이 사실이라면, 우리는 모든 가능한 우주들 중에서 최악의 우주에 살고 있는 셈이다. 특히 생명체의 미래를 생각하면 최악도 이런 최악이 없다.

지금으로부터 100여 년 전에 아인슈타인은 현대 우주론의 출발점이라 할 수 있는 일반상대성이론을 완성했다. 당시 학자들은 전통적인 우주관에 사로잡혀 우주가 정적이며 영원히 존재한다고 생각했다. 그래서 아인슈타인은 빅뱅을 처음 제안했던 르메트르를 조롱했고, 자신의 이론으로 정적인 우주를 구현하기 위해 우주상수까지 도입했다.

그로부터 100년이 흐른 지금, 우리 과학자들은 우주가 팽창한다는 사실을 알아냈고 빅뱅의 메아리인 마이크로파 우주배경복사를 발견했으며, 눈에 보이지 않는 암흑물질과 암흑에너지가 존재한다는 사실도 알아냈다. 이 정도면 자부심을 가질 만하다.

그렇다면, 앞으로 우주의 미래는 어떤 식으로 펼쳐질 것인가?

텅 빈 공간의 에너지가 우주의 팽창을 주도하고 있다는 것은 팽창속도가 점점 빨라지고 있다는 사실로부터 추론된 결과이다. 6장에서 언급한 인플레이션과 마찬가지로, 관측 가능한 우주는 빛보다 빠른 팽창을 코앞에 두고 있다. 이 모든 것이 사실이라면, 우리의 미래는 악화일로로 치닫게 될 것이다.

시간이 흐를수록 관측 가능한 천체의 수는 줄어들 수밖에 없다. 지금 망원경으로 보이는 천체도 앞으로 멀어지는 속도가 광속을 초과하게 되면 우리의 시야에서 사라질 것이다. 빛보다 빠르게 멀어지는 천체에서 방출된 빛은 지구에 도달할 수 없기 때문이다(앞에서도 언급했지만, 공간은 가만히 있고 천체가 빛보다 빠르게 멀어지는 것이 아니라, 공간 자체가 빛보다 빠른 속도로 팽창한다는 뜻이다. 이런 경우에는 초속 30만km로 지구를 향해 달려오는 빛의 선단wave front조차 지구로부터 점점 멀어진다—옮긴이). 이런 은하들은 언젠가 우주지평선 너머로 사라지게 된다.

천체가 사라지는 과정은 우리가 상상하는 것과 조금 다르다. 이들은 어느 날 갑자기 사라지지 않으며, 희미하게 깜박이다가 사라지지도 않는다. 천체의 멀어지는 속도가 광속에 가까워질수록 그곳에서 방출된 빛은 점점 더 붉은색 쪽으로 치우치게 된다(즉, 적색편이가 크게 나타난다). 모든 가시광선은 적외선을 거쳐 마이크로파, 라디오파 등으로 옮겨가다가 결국은 빛의 파장이 관측 가능한 우주보다 길어지면서 어떤 장비를 동원해도 관측할 수 없게 될 것이다.

이 과정이 몇 년에 걸쳐 일어나는지도 계산할 수 있다. 우리 은하단(은하수가 속해 있는 은하단) 속의 은하들은 중력에 의해 서로 뭉쳐 있으므로, 허블이 발견한 우주팽창속도로 멀어져 가지는 않을 것이다. 우리 은하단의 외곽에 있는 은하들(A)까지의 거리는 후퇴속도가 거의 광속에 가까운 천체(B)까지 거리의 1/5,000쯤 된다. 앞으로 1,500억 년(현재 우주 나이의 약 10배)이 지나면 A가 B의 위치에 도달할 텐데, 이곳에서 방출된 모든 별빛은 적색편이가 5,000배 가량 크게 나타날 것이다. 그리고 2조 년 후에는 이 빛들의 적색편이가 극단적으로 나타나서 '관측 가능한 우주'와 거의 비슷한 크기의 파장을 갖게 된다. 물론 이보다 먼 천체들은 이미 오래전에 시야에서 사라졌을 것이다.

독자들은 2조 년이 긴 세월이라고 생각할 것이다. 사실 이 정도면 충분히 길다. 그러나 우주적 스케일에서 '영원의 세월'과 비교하면 거의 찰나에 불과하다. 주계열성main sequence(우리의 태양과 동일한 진화과정을 겪은 별들) 중에서 가장 오래된 별은 우리의 태양보다 나이가 훨씬 많으며, 앞으로 2조 년 동안 계속해서 빛을 발할 것으로 추정된다(반면에 우리의 태양은 50억 년 후에 죽을 운명이다). 그리고 2조 년 후에도 이런 별의 행성에는 물과 유기물, 그리고 태양에너지로 유지되는 문명이 존재할 수 있다. 이 문명권에서 활동하는 천문학자들은 우주를 어떤 관점에서 바라보게 될까? 언뜻 생각하면 모든 학문은 세월이 흐를수록 발전할 것 같지만, 적어도 천문학은 그렇지 않다. 2조 년이 지나면 현재 관측 가능한 우주에 존재하는 4천억 개의 은하들이 망원경의 시야에서 사라질 것이기 때문이다!

언젠가 나는 우주론 연구기금을 확충하기 위해 의회에 나가 연설을 하면서 위의 논리를 사용한 적이 있다. 관측 가능한 천체의 수는 시간이 흐를수록 줄어들기 때문에, 볼 수 있는 대상이 많을 때 연구도 많이 해둬야 한다고 말이다. 그러나 2년도 긴 시간이라고 생각하는 의원들에게 2조 년은 영원과도 같은 시간이었을 것이다.

어쨌거나, 먼 미래의 천문학자들은 할 일이 거의 없을 것이다. 과거의 밤하늘이 어떤 모습이었는지 알고 있다면 텅 빈 하늘을 보면서 안타까워하겠지만, 그럴 가능성도 별로 없다. 나의 연구동료인 밴더빌트 대학Vanderbilt Univ.의 로버트 셰러Robert Scherrer와 나는 몇 년 전에 다음과 같은 사실을 깨달았다 — 앞으로 2조 년 후에는 우주에 존재하는 모든 천체들이 시야에서 사라지고, 우주가 빅뱅에서 탄생하여 계속 팽창해왔음을 알려주는 증거들도 말끔하게 사라진다. 이뿐만이 아니다. 이 모든 것을 사라지게 만든 주범은 암흑에너지인데, 그 존재를 시사하는 증거들까지 함께 사라진다!

100년 전만 해도 천문학자들은 우주가 지금과 같은 상태로 영원히 유지된다고 생각했다. 그러나 앞으로 우리의 행성과 문명이 우주의 먼지로 사라지고 오랜 세월이 지나면, 천문학자들은 1930년대의 잘못된 환상을 또다시 품게 될 것이다.

관측자들은 지금까지 빅뱅을 입증하는 결정적 증거를 세 번에 걸쳐 찾아냈다. 그러므로 아인슈타인과 르메트르가 이 세상에 태어나지 않았다고 해도, 천문학자들은 우주가 뜨거운 고밀도 상태에서 시작되었다는 사실을 결국은 알아냈을 것이다. 허블은 관측을 통해 우주가 팽창하고 있다는 사실을 알아냈고, 벨연구소의 두 과학자는 빅뱅의 잔해인 마이크로파 우주배경복사를 발견했다. 그리고 이론적으로 예견된 가벼운 원소(수소, 헬륨, 리튬)의 양이 관측결과와 일치하면서, 빅뱅 후 처음 몇 분 사이에 우주가 어떤 상태에 있었는지도 알게 되었다.

우선 허블의 우주팽창설에서 시작해 보자. 우주가 팽창하고 있다는 것을 어떻게 알 수 있을까? 천체의 멀어지는 속도와 거리 사이의 관계를 측정하면 된다. 그러나 우리의 은하단(이 안에서 우리는 중력으로 묶여 있다) 밖에 있으면서 눈에 보였던 모든 천체들이 우주지평선 너머로 사라지면 별과 은하, 퀘이사, 가스 구름 등 팽창을 추적할 만한 단서까지 함께 사라진다. 미래에도 모든 천체들은 우리로부터 멀어지고 있겠지만, 그것을 확인할 방법이 없는 것이다.

뿐만 아니라 앞으로 1조 년 안에 우리의 은하단에 속해 있는 모든 은하들은 하나로 뭉쳐서 거대한 메터갤럭시$^{\text{meta·galaxy}}$를 형성할 것이다. 먼 미래의 관측자들은 하늘을 보면서 1915년의 관측자들과 비슷한 생각을 할 것이다 — "우주에는 별과 행성들로 이루어진 단 하나의 은하가 존재하며, 그 바깥에는 방대하고 텅 빈 공간이 있을 뿐이다."

텅 빈 공간에 에너지가 존재한다는 것은 우주의 팽창속도가 점점 빨라진다는 사실로부터 유추된 결과였다. 그러나 팽창의 증거가 사라지면 우주의 팽창이 가속되고 있다는 것을 알아낼 방법이 없다. 우리는 운 좋게도 빈 공간에 퍼져 있는 암흑에너지의 존재를 인식하고, 그것을 찾아낼 가능성이 있는 유일한 시기에 살고 있는 것이다. 물론 이 시기는 앞으로 수천 억 년 동안 지속되겠지만, 영원히 팽창하는 우주에서 이 정도는 한순간에 불과하다.

빈 공간의 에너지밀도가 우주상수와 마찬가지로 거의 일정하게 유지되어왔다고 가정하면, 먼 과거에 물질과 복사의 에너지밀도는 빈 공간의 에너지밀도보다 훨씬 높았을 것이다. 우주가 팽창할수록 물질과 복사의 밀도는 감소하기 때문이다(입자들 사이의 거리가 멀어지면 일정한 부피 속에 들어 있는 입자의 수가 감소하면서 밀도가 작아진다). 구체적으로 말해서, 지금으로부터 50~100억 년 전에 물질과 복사의 밀도는 지금보다 훨씬 높았으며, 이들은 우주 전역에 걸쳐 중력을 행사했다. 그렇다면 이 시기에 우주의 팽창속도는 점점 느려졌을 것이고, 중력이 빈 공간의 에너지에 미치는 영향은 (당시에 천문학자가 있었다고 해도) 관측되지 않았을 것이다.

이와 마찬가지로, 우주의 나이가 수천 억 년에 이르면 물질과 복사의 밀도가 더욱 낮아져서 암흑에너지의 평균 에너지밀도는 물질과 복사의 밀도의 수조 배에 달하고, 우주적 스케일에서 암흑에너지가 중력의 대부분을 좌우하게 될 것이다. 그러나 이때가 되면 우주의 팽창이 가속되고 있음을 보여주는 증거가 하나도 남지 않는다. 결국, 빈 공간의 에너지는 우주의 역사를 통틀어 한정된 기간 동안만 관측될 수 있는데, 우리가 바로 그 시기에 살고 있는 것이다.

빅뱅의 잔해인 마이크로파 우주배경복사CMBR는 우주의 미래에 대해 무엇을 말해주고 있는가? 미래에 우주의 팽창속도가 빨라지면 우주배경복사의 온도는 지금보다 더 낮아질 것이다. 예를 들어 관측 가능한 우주의 크기가 지금의 100배인 시점이 되면, 우주배경복사의 온도는 지금의 1/100로 낮아지고, 그 안에 저장된 에너지밀도는 1억 분의 1까지 작아진다. 그러면 우주배경복사를 관측하는 것도 지금보다 1억 배쯤 어려워질 것이다.

현대의 과학자들은 지구 주변을 떠돌아다니는 온갖 전자파의 방해에도 불구하고 우주배경복사를 관측하는 데 성공했다. 먼 미래의 과학자들도 우리보다 1억 배쯤 똑똑하다면 희망을 가져볼 만하다. 그러나 그들이 우리의 상상을 초월할 정도로 똑똑하고, 그 뛰어난 머리로 최상의 관측기구를 발명했다 해도, 우리만큼 운이 따르지는 않을 것 같다. 우리의 은하에는 별들 사이에 뜨거운 기체가 널리 퍼져 있는데, 그 안에는 이온화된 기체분자와 함께 수많은 전자들이 떠돌아다니고 있어서 플라즈마와 비슷하게 삭용한다. 그리고 앞에서 말한 바와 같이 이런 플라즈마는 여러 종류의 복사에 대해 불투명하다(먼 훗날 우리의 은하단이 하나로 뭉쳐서 메터갤럭시가 되어도 사정은 달라지지 않는다. 관측결과에 따르면 50억 년 후에 은하수와 안드로메다은하가 제일 먼저 합쳐질 것으로 예상된다).

천문학자들이 쓰는 용어 중에 '플라즈마 진동수plasma frequency'라는 것이 있다. 복사의 진동수가 이 값보다 작으면 플라즈마를 통과하지 못하고 그 속에 흡수된다. 그런데 빅뱅 때 발생한 우주배경복사의 대부분은 우주의 나이가 지금의 절반이던 무렵에 긴 파장으로 변했다(즉, 진동수가 작아졌다). 우리 은하에서 최근에 관측된 자유전자의 밀도로부터 플라즈마 진동수를 계산해 보면, 먼 훗날 우리 은하단이 하나로 뭉쳤을 때 우주배경복사의 진동수가 플라즈마 진동수보다 작을 것으로 예상된다. 다시 말해서, 우주를 떠도는 복사가 우리의 은하(또는 메터갤럭시)에 도달하지 못한다는 뜻이다. 미래의 천문학자들이 제아무리 똑똑해도 물리학의 법칙을 바꿀 수는 없다. 물론 이때가 되면 우주배경복사도 망원경의 시야에서 완전히 사라질 것이다.

미래에는 우주가 팽창한다는 증거도, 빅뱅을 증명하는 잔광(殘光)도 없다. 그렇다면 빅뱅의 또 다른 증거인 '가벼운 원소의 분포량'은 어떤가? 이로부터 까마득한 과거에 빅뱅이 일어났음을 알아낼 수도 있지 않을까?

1장에서 말한 대로, 나는 빅뱅을 믿지 않는 사람들을 볼 때마다 지갑에서 도표 한 장을 꺼내 보여주며 이렇게 말하곤 한다. "자, 이걸 보고도 모르시겠습니까? 빅뱅이 정말로 일어났잖아요!"

물론 첫눈에 이해할 수 있을 정도로 간단한 도표는 아니다. 이 점은 나도 잘 알고 있다. 다음 그림은 빅뱅이 일어났다는 가정하에 이론적으로 계산된 헬륨, 중수소, 헬륨-3, 리튬의 상대적 분포를 그래프로 나타

168

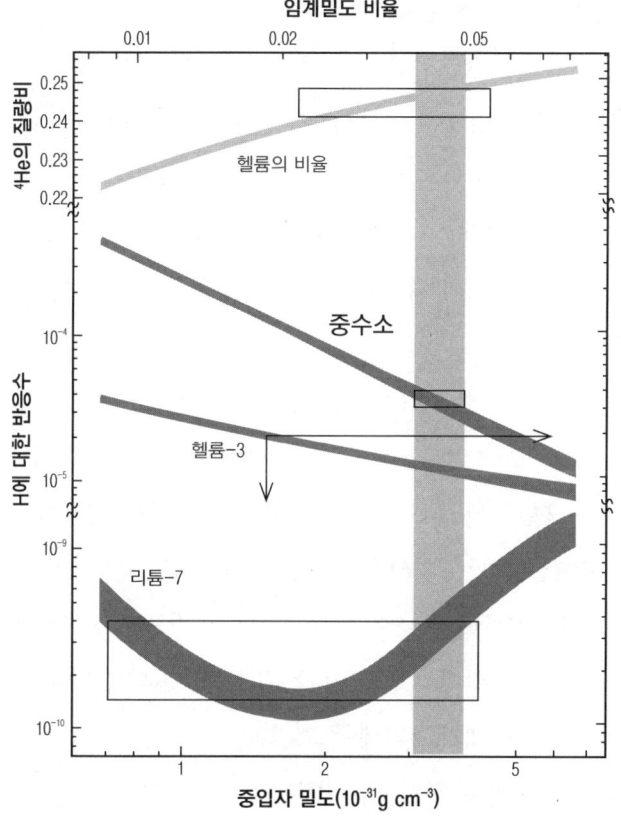

낸 것이다. 제일 위에서 오른쪽 위로 올라가는 곡선은 헬륨의 양(총 무게)을 우주에서 가장 흔한 수소의 양으로 나눈 값(수소에 대한 상대적 분포비율)이며, 그 아래에서 오른쪽 아래로 내려가는 두 개의 곡선은 중수소와 헬륨-3의 수소에 대한 상대적 분포비율을 나타낸 것으로서, 무게가 아닌 원자의 개수로 계산되었다. 그리고 제일 아래 곡선은 우주에서 세 번째로 흔한 리튬의 수소에 대한 상대적 분포비율이다(이것도 무게가 아닌 개수로 계산된 값이다).

이론적으로 예견된 위의 값들은 현재 우주에 존재하는 정상적인 물질(원자로 이루어진 물질, 역시 이론을 통해 예측된 값)의 밀도에 대한 함수로 표현되어 있다. 이 값들이 관측결과와 맞지 않는다면, 빅뱅의 뜨거운 용광로 속에서 가벼운 원소가 만들어졌다는 주장은 틀린 것이 된다. 그림에서 보다시피 이론적으로 예측된 이 원소들의 양은 약 10배까지 변한다.

각 곡선에 그려진 사각형은 은하수의 외곽에서 오래된 별과 뜨거운 기체를 관측하여 얻은 '각 원소의 존재량의 허용범위'를 나타낸다.

그림의 오른쪽에 세로로 길게 그려진 회색 띠는 이론적 예상치와 관측결과가 일치하는 영역이다. 빅뱅 초기에 원소들이 생성되었다는 가정하에 계산된 원소의 양이 관측결과와 이 정도로 정확하게 일치한다는 것은 빅뱅이 실제로 일어났다는 뜻이다. 그 외에 달리 해석할 방법이 없다. 적어도 내가 보기에는 그렇다.

아직 설득이 안 된 독자들을 위해, 이 놀라운 일치가 의미하는 바를 좀 더 자세히 알아보기로 한다. "빅뱅이 시작된 후 1초 이내에 풍부한 양의 양성자와 중성자, 그리고 복사에너지가 핵융합을 일으켜 중수소와 헬륨, 리튬 등 가벼운 원소를 만들었다"는 시나리오를 가정하고, 현재 관측 가능한 은하의 물질밀도(양성자와 중성자의 밀도)와 마이크로파 배경복사로부터 추정되는 복사밀도를 이 시나리오에 대입하면, 지금 존재하는 가벼운 원소의 양이 거의 정확하게 산출된다.

아인슈타인이 아직 살아 있다면 이렇게 말했을 것 같다. "빅뱅이 일어나지도 않았는데, 모든 데이터가 마치 빅뱅이 일어난 것처럼 딱 맞아떨어지는 우주를 조물주가 창조했다면, 그는 정말로 심술궂은 존재임이 분명하다." (그래서 그는 빅뱅과 같은 사건을 생각조차 하지 않았다.)

관측을 통해 추정된 헬륨의 양과 빅뱅으로 예견되는 헬륨의 양이 거의 일치한다는 사실은 1960년대에도 알려져 있었다. 당시에는 프레드 호일Fred Hoyle과 그의 동료들이 정적인 우주를 주장하면서 빅뱅이론을 맹렬하게 비난하고 있었는데, 헬륨의 양이 빅뱅의 증거로 부각되면서 학계의 중론은 빅뱅 쪽으로 기울기 시작했다.

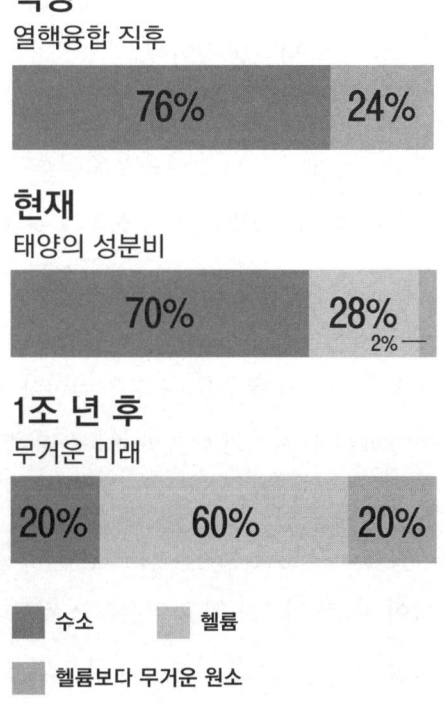

빅뱅
열핵융합 직후

| 76% | 24% |

현재
태양의 성분비

| 70% | 28% |
2%—

1조 년 후
무거운 미래

| 20% | 60% | 20% |

■ 수소　　■ 헬륨
■ 헬륨보다 무거운 원소

그러나 먼 미래에는 사정이 크게 달라질 것이다. 한 가지 예를 들어보자. 별은 수소를 태워서 헬륨을 생산한다(장작을 태우듯 태우는 것이 아니라, 수소 원자의 핵인 양성자들이 핵융합반응을 일으켜 헬륨원자핵으로 변한다는 뜻이다-옮긴이). 빅뱅 후 지금까지 별의 내부에서 만들어진 헬륨의 양은 현재 우주에 존재하는 전체 헬륨의 15퍼센트에 불과하다(이것도 빅뱅이 일어났음을 입증하는 증거 중 하나이다). 그러나 앞으로 긴 세월이 흐르면 그 사이에 많은 별들이 탄생과 죽음을 반복할 것이므로 성분비율이 크게 달라질 것이다.

예를 들어 우주의 나이가 1조 년에 이르면 별 속에서 생성된 헬륨의 양이 빅뱅 때 생성된 헬륨의 양을 크게 앞지를 것이다. 앞 페이지의 그림은 이 상황을 그래프로 나타낸 것이다.

헬륨이 눈에 보이는 물질의 60%를 차지하는 시점이 되면, 이 상황을 설명하기 위해 굳이 빅뱅을 도입할 이유가 없어진다. 뜨거운 빅뱅에서 원시헬륨이 만들어졌다는 논리로는 이 분포를 만족스럽게 설명할 수 없기 때문이다.

그러나 먼 미래의 천문관측자와 이론가들은 이 데이터로부터 우주의 나이가 유한하다는 사실을 유추할 수 있을 것이다. 별은 수소를 태워서 헬륨을 만들기 때문에, 수소와 헬륨의 비율을 관측하면 별이 존재해 온 기간의 상한선을 알 수 있다. 별이 이보다 더 오래 존재해 왔다면 헬륨의 양이 관측된 값보다 많을 것이기 때문이다. 따라서 미래의 과학자들은 우주의 나이가 1조 년 이하라고 결론지을 것이다. 그러나 이들은 빅뱅을 포함하여 우주의 시작을 암시하는 그 어떤 증거도 포착하지 못할 것이다.

르메트르는 오직 아인슈타인의 일반상대성이론에 입각하여 과거에 빅뱅이 일어났다고 주장했다. 미래의 과학자들은 우리 못지않게(또는 훨씬) 똑똑할 것이므로, 전자기학과 양자역학, 그리고 일반상대성이론 등 물리학의 기본법칙들을 어떻게든 알아낼 것이다. 그렇다면 먼 미래에도 르메트르 같은 과학자가 나타나서 비슷한 주장을 할 수 있을까?

지금은 우리의 우주가 빅뱅에서 시작되었다는 르메트르의 주장이 타당하게 들리지만, 먼 미래에는 우주의 환경이 크게 달라져서 이런 주장을 펼칠 근거가 없어진다. 물질이 모든 방향으로 균일하게 분포되어 있는 등방형 우주는 정적인 상태를 유지할 수 없다. 르메트르는 이 사실을 알고 있었으며, 나중에는 아인슈타인도 인정했다. 그러나 하나의 육중한 물리계가 텅 빈 공간으로 둘러싸여 있는 것도 아인슈타인 방정식을 만족하는 엄연한 해이다. 이런 해가 존재하지 않았다면 일반상대성이론은 중성자별이나 블랙홀처럼 고립된 천체를 설명하지 못했을 것이다.

우리 은하(또는 메타갤럭시)처럼 질량이 대규모로 분포되어 있는 천체는 상태가 불안정하기 때문에, 중력에 의해 한 곳으로 뭉치다가 결국은 거대한 블랙홀이 된다. 이것은 소위 '슈바르츠실트 해Schwarzschild solution'라는 아인슈타인 방정식의 정적인 해로 설명될 수 있다. 그러나 우리의 은하가 거대한 블랙홀이 되는 데 걸리는 시간보다, 나머지 우주가 사라지는 데 걸리는 시간이 훨씬 길다. 따라서 먼 미래의 과학자들은 우리의 은하가 붕괴되지 않고 주변의 우주가 팽창되지도 않으면서 1조 년 동안 존재해 왔다고 생각할 것이다.

물론 미래에 일어날 사건을 미리 짐작하기란 결코 쉬운 일이 아니다. 나는 지금 스위스의 다보스Davos에서 이 글을 쓰고 있는데, 때마침 세계경제포럼이 열리는 중이어서 사방에 경제학자들이 넘쳐나고 있다. 이들은 시장의 미래를 수시로 예측하고 그것이 빗나가면 다시 수정하는 등, 잘못된 예측과 수정작업을 일상사처럼 반복하고 있다. 나는 과학기술의 예측능력이 '어설픈 과학'보다 더 어설프다고 생각한다. 먼 미래는 말할 것도 없고, 비교적 가까운 미래도 정확하게 예측하기가 쉽지 않다. 나는 주변 사람들이 "미래의 과학은 어떤 모습인가?"라거나 "무엇이 차세대 과학의 핫이슈가 될 것인가?"라고 물으면 이렇게 대답한다. "제가 그걸 알면 지금 왜 이러고 있겠습니까?"

그래서 나는 독자들이 이 장에 제시된 우주의 미래를 찰스 디킨스Charles Dickens의 소설 『크리스마스 캐럴Christmas Carol』의 세 번째 유령이 보여주는 미래와 비슷한 스타일로 이해하기를 권한다. 즉, 지금까지 언급된 미래는 '여러 가지 가능한 미래들 중 하나'라는 것이다. 우리는 빈 공간을 가득 채우고 있는 암흑에너지의 정체를 아직 모르고 있으므로, 암흑에너지가 아인슈타인의 우주상수와 같은 역할을 할지, 그리고 그 값이 일정하게 유지될지도 확신할 수 없다. 지금 우주의 팽창속도가 빨라지고 있다지만, 언제 다시 느려질지도 알 수 없는 노릇이다. 만일 미래에 팽창속도가 느려진다면 멀리 있는 은하들도 사라지지 않을 것이다. 또는 지금의 기술로 관측할 수 없는 어떤 물리량이 훗날 관측되어 미래의 천문학자들이 빅뱅을 유추할 수 있게 될지도 모른다.

그러나 우주에 대하여 지금 우리가 알고 있는 모든 내용을 종합해 볼 때, 여기 제시된 것이 가장 '그럴듯한' 미래임은 분명하다. 그리고 먼 미래의 천문학자들이 관측결과와 논리를 이용하여 자신의 우주에 대해 어떤 사실을 알아낼지 생각해 보는 것도 재미있지 않은가? 그 무렵의 하늘에 거의 모든 천체들이 사라져서 아무것도 알아낼 수 없다고 생각하면 은근히 우월감까지 느껴지기도 한다. 먼 미래의 일부 똑똑한 과학자들은 자연에 존재하는 근본적인 힘과 입자들로부터 인플레이션이 일어났음을 알아낼 수도 있고, 관측 가능한 우주에 은하가 존재하지 않는다는 사실로부터 빈 공간에 에너지가 함유되어 있다는 결론을 내릴 수도 있지만, 그럴 가능성은 별로 높지 않을 것 같다.

물리학은 실험과 관측 등 경험에 기초한 과학이다. 관측을 통해 암흑에너지의 존재 가능성이 제시되지 않았다면, 이론가들은 그런 존재를 꿈에도 상상하지 못했을 것이다. 과거에도 "우주는 빅뱅 같은 것 없이 정적인 상태를 영원히 유지하며, 은하는 우리가 속한 은하 하나뿐"이라는 우주관이 틀렸음을 암시하는 증거들이 사방에 널려 있었고 가벼운 원소의 성분비율도 기존의 이론으로 설명할 수 없었지만, 당시의 과학자들은 "가장 단순한 것이 옳다"는 오컴William Ockham(14세기 영국의 철학자. '오컴의 면도날'로 널리 알려져 있음-옮긴이)의 철학에 입각하여 원소의 비정상적인 분포가 국지적 현상이라고 생각했다.

로버트 셰러Robert Scherrer와 내가 "미래의 과학자들이 우주를 연구하면서 반증 가능한 데이터와 모형을 이용한다 해도(이것은 모범적인 과학의 전형이다) 결국은 잘못된 결론에 도달할 것"이라고 예측한 후로, 주변의 많은 동료들은 먼 미래의 과학자들이 우주가 팽창하고 있다는 사실을 알아챌 수 있는 다양한 방법을 제시하고 나섰다. 사실 내 머릿속에도 몇 가지 가능한 방법이 떠오르긴 한다. 그러나 우주팽창의 증거를 찾으려면 그 전에 "우주가 팽창하고 있다"는 심증부터 가져야 하는데, 과연 무엇이 그들에게 그런 동기를 제공할지 의심스럽다.

예를 들어 아무런 증거가 없는 상태에서 우주가 팽창한다는 것을 입증하려면, 은하수 안에서 별 하나를 골라 머나먼 우주공간으로 옮겨놓고, 이 별이 멀어지는 속도를 거리의 함수로 표현할 수 있을 때까지 끈질기게 바라봐야 한다. 먼 미래에 과학기술이 극도로 발달하여 이런 황당한 관측실험이 가능해진다 해도, 미래의 과학재단이 근거도 없는 우주팽창설에 관심을 갖고 그런 무모한 프로젝트에 예산을 할당해 줄 가능성은 거의 없을 것 같다. 만일 은하수에 속해 있는 어떤 별이 정말 고맙게도 스스로 은하를 이탈하여 멀리 떨어져 나갔고, 미래의 천문학자들이 적색편이를 통해 이 별이 점점 빠르게 멀어져간다는 사실을 알아냈다 해도, 과연 우리의 우주가 암흑에너지 때문에 팽창하고 있다는 대담한 결론에 도달할 수 있을까? 그럴 가능성은 거의 없다고 본다.

그러므로 우리가 지금 이 시대를 살고 있는 것은 대단한 행운이다. 적어도 물리학자나 천문학자들에게는 그렇다. 로버트 셰러와 나는 한 잡지에 기고했던 기사에 다음과 같이 적어 놓았다. "우리는 우주적 시간 스케일에서 볼 때 매우 특별한 시기에 살고 있다…… 지금은 관측을 통해 우리가 특별한 시기에 살고 있음을 눈치챌 수 있는 유일한 시기이다!"

약간의 장난기가 섞여 있긴 했지만, 우리의 의도는 최상의 관측기구와 최첨단 이론을 동원해도 거시적 스케일에서 완전히 잘못된 결론에 이를 수 있음을 지적하는 것이었다.

불완전한 데이터 때문에 잘못된 결론에 이르는 것과 눈앞의 증거를 무시하고 창조론을 고집하여 현실과 모순된 우주관을 갖는 것은 분명히 다른 일이다. 또는 자신의 선입견과 창조론을 조화시키기 위해 초월적인 존재를 도입하거나, 질문을 던지기도 전에 모든 해답이 자연에 이미 존재한다는 동화 같은 스토리에 연연하는 것은 '과학적 오류'의 범주에 들지도 않는다. 적어도 미래의 과학자들은 증거에 입각한 판단을 내릴 것이며, 우리가 그랬던 것처럼(최소한 과학자들이 그랬던 것처럼) 새로운 증거가 나타나면 그동안 갖고 있던 실체의 그림을 과감하게 바꿀 준비가 되어 있을 것이다.

현대의 과학자들도 100억 년 전에 관측 가능했거나 1,000억 년 후에 관측 가능해질 무언가를 놓치고 있을지도 모른다. 그러나 빅뱅우주론은 너무나 확고하게 입증되어 있어서, 반증될 가능성은 거의 없다고 본다. 물론 새로운 관측데이터로부터 우주의 먼 과거와 미래, 또는 빅뱅의 기원에 대한 세부사항을 새로운 각도에서 바라보게 될 수는 있다. 나 역시 과학자의 한 사람으로서 그렇게 되기를 진심으로 바란다. 우주적 시간 스케일에서 볼 때 지구에 생명체가 존재하는 기간은 그야말로 찰나에 불과하다. 지금은 우주의 비밀을 다 밝혀낸 듯 의기양양하지만, 앞으로 50억 년 후에 태양이 수명을 다하면 우리도 사라질 것이다. 이런 점에서 볼 때, 우주와 관련하여 무언가를 주장할 때에는 어느 정도 겸손할 필요가 있다고 생각한다. 우주론학자들에게는 쉽지 않은 일이겠지만, 노력이라도 해 주길 바란다.

먼 미래의 과학자들은 20세기 초와 비슷한 우주관을 갖게 될 것 같다. 20세기 초의 우주론은 사실과 많이 달랐으나, 다양한 관측을 유도하여 현대우주론의 혁명을 촉발시켰다. 앞으로도 우주론은 순환적으로 진행될 것이다. 50억 년 후에는 태양의 죽음과 함께 인류가 쌓아온 지식도 모두 사라지겠지만, 지금과 같은 수준에 도달한 것만도 대단한 업적이라고 생각한다.

우주론이 갖고 있는 근본적인 문제 중 하나는 관측할 수 있는 우주가 하나뿐이라는 것이다. 우주가 여러 개 존재한다고 제아무리 상상의 날개를 펼쳐도, 어쨌거나 우리는 우리가 살고 있는 우주밖에 볼 수 없다. 그러나 관측대상과 데이터의 해석에 명백한 한계가 있음에도 불구하고, 우리는 눈에 보이는 모든 만물의 기원을 언젠가는 이해하게 되리라는 희망을 가져야 한다. 그런 희망마저 없다면 우주론의 명맥을 유지하기 어려울 것이다.

우리의 우주 외에 다른 우주가 존재한다면, 그리고 우리가 하나 이상의 다른 우주를 찾아낸다면, 여러 가지 관측결과들 중에서 어떤 것이 중요하고 어떤 것이 지엽적인지 가려낼 수 있을 것이다.

다음 장에서 보게 되겠지만 우주가 여러 개일 가능성은 별로 높지 않으며, 먼 훗날에 우리의 우주가 몹시 심심해질 가능성은 매우 높다. 그러나 과학자들은 우주를 더욱 깊이 이해하고 의외의 사실을 발견하기 위해 지금도 새로운 관측법과 이론을 개발하느라 여념이 없다.

다음 장으로 넘어가기 전에, 앞에서 내가 제시했던 우주의 미래에 대하여 지금은 고인이 된 크리스토퍼 히친스Christopher Hitchens의 반응을 소개하고자 한다. 그는 나의 시나리오를 듣고 이렇게 말했다. "무언가가 존재하는 이 우주에 우리가 살고 있다며 경이로움을 느끼는 사람들이여, 잠시 생각을 멈추고 내 말을 들어 보라. 우주 어디를 둘러봐도 우리를 향해 다가오는 천체는 하나도 없지 않은가. 우리에게 다가오는 것은 오직 무(無)일 뿐이다!"

8장 기막힌 우연?

조물주가 어떤 계획하에 우주를 창조했다고 가정하
는 것은 병든 몸으로 태어나도 잘 살아갈 수 있는지
확인하는 어떤 잔인한 실험의 대상으로 우리가 선택
되었음을 인정하는 것과 같다.
— 크리스토퍼 히친스(Christopher Hitchens)

우리는 세상만사가 모두 중요하며 나름대로 의미가 있다고 생각하
는 경향이 짙다. 어느 날 밤에 당신의 친구가 팔을 다치는 꿈을 꾸었는
데, 아침에 일어나 연락해 보니 정말로 팔목을 삐었다고 한다. 내 그럴
줄 알았다! 누군가가 나에게 계시를 한 것이 틀림없다!

물리학자 리처드 파인만이 평소 즐겨 하는 말이 있었다. 그는 가까
운 사람을 만나면 이렇게 말문을 열곤 했다. "이봐, 오늘 나에게 기적
같은 일이 벌어졌어! 너는 들어도 믿지 못할 걸?" 이때 사람들이 궁금
해 하며 무슨 일이 있었냐고 물어보면 다음과 같은 대답이 돌아왔다.
"아무 일도 일어나지 않았어, 아무 일도!"

파인만은 사람들이 위에서 말한 것과 비슷한 꿈을 꾸었을 때 습관

적으로 의미를 부여하는 행태를 비유적으로 꼬집은 것이다. 사실, 우리가 꾸는 꿈의 대부분은 아무런 의미도 없는 개꿈에 불과하다. 꿈을 많이 꾸다 보면 현실과 우연히 일치하는 꿈을 꿀 수도 있는데, 사람들은 그 많은 개꿈을 완전히 무시하고 우연히 일치한 하나의 꿈에 커다란 의미를 부여하고 있다. 꿈뿐만이 아니다. 일상생활 속에서도 아무런 일 없이 지나가는 시간이 대부분인데, 무언가 이상한 사건이 일어나기만 하면 거기에 지나친 의미를 부여하곤 한다. 하지만 생각해 보라. 실행 횟수가 충분히 많으면 제아무리 희한한 사건도 몇 번은 일어나기 마련이다. 다시 말해서, 무언가 희한한 일이 생겼다는 것은 그동안 무료했던 시간이 충분히 길었다는 뜻이다. 조상님이 도와서 복권에 당첨된 것이 아니라는 이야기다.

이 논리를 우주에 적용하면 어떤 결론이 내려질까?

앞서 말한 바와 같이 텅 빈 공간의 에너지는 0이 아니며, 관측을 통해 추정된 값은 입자물리학을 통해 이론적으로 예견된 값보다 10^{120}배나 작다. 이 사실이 알려지기 전까지만 해도 물리학자들은 자연에서 측정한 기본 상수들이 매우 중요한 의미를 갖는다고 생각했다. 이로부터 우리는 중력이 다른 힘들(약력, 강력, 전자기력)보다 유난히 약한 이유와 중성자가 전자보다 2,000배나 무거운 이유, 그리고 소립자가 세 가지 족(族, family)으로 존재하는 이유 등을 이해할 수 있었다. 물리학자들은 가장 작은 스케일에서 자연의 힘을 다스리는 기본법칙을 이해하면 모든 미스터리가 풀릴 것이라고 굳게 믿었다.

(종교적인 논리에서도 기본상수는 중요한 의미를 갖는다. 기본상수가 지

금과 같은 값을 갖는 것은 창조주의 계획 중 일부이다. 이 논리에 의하면 이 세상에 우연이란 없으며, 그 어떤 것도 예측되거나 설명될 수 없다. 종교적 논리는 결론이라는 것이 없기 때문에 우주를 다스리는 법칙을 알아내는 데 아무런 도움도 되지 않는다. 그저 종교인들의 마음을 편하게 해 줄 뿐이다.)

그러나 빈 공간에 에너지가 존재한다는 사실이 알려지면서, 물리학자들은 '필연적으로 요구되는 물리량'과 '우연히 세팅된 물리량'을 구별하기 시작했다.

새로운 변화의 촉매가 된 것은 7장에서 언급한 암흑에너지였다. 빈 공간을 채우고 있는 암흑에너지는 지금이라도 당장 관측될 수 있다. 왜냐하면, 우주의 역사를 통틀어 암흑에너지와 물질에너지가 양적으로 비슷한 시기는 지금뿐이기 때문이다.

그런데 우리는 왜 이렇게 '특별한' 시기에 살게 되었을까? 이것은 코페르니쿠스 이후로 과학자들을 끊임없이 괴롭혀왔던 질문이다. 지동설이 등장한 후로 지구는 더 이상 우주의 중심이 아니었고, 태양조차도 은하수의 변방에 있는 조그만 별에 불과했다. 뿐만 아니라 우리의 은하는 관측 가능한 우주에 존재하는 4천억 개의 은하들 중 하나였다. 우주에 대해 알면 알수록 우리는 별 볼 일 없는 존재로 추락해온 것이다. 그리하여 결국 우리는 우주에서 '지금 여기'라는 시간과 장소가 전혀 특별하지 않다는 것을 사실로 받아들일 수밖에 없었다.

그러나 빈 공간의 에너지에 관한 한, 지금 우리가 특별한 시간대에 살고 있다는 생각을 지우기 어렵다. 다음에 제시된 '우주의 간략한 역사'를 보면 그 이유를 이해할 수 있을 것이다.

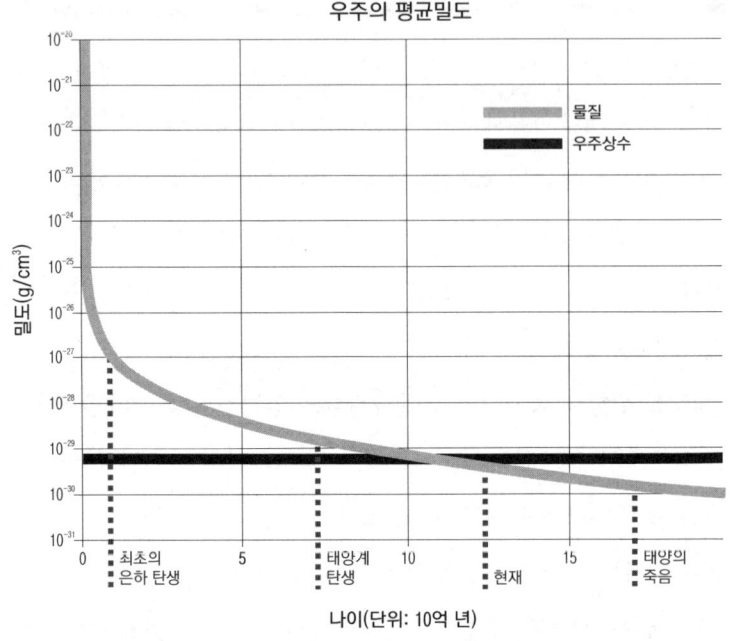

위의 그래프에서 두 개의 곡선은 우주에 존재하는 모든 물질의 에 너지밀도와 빈 공간의 에너지밀도(이 값을 우주상수로 가정했다)를 각각 시간의 함수로 나타낸 것이다. 보다시피 물질의 밀도는 시간이 흐를수 록, 즉 우주가 팽창할수록 감소하지만(은하들 사이의 간격이 멀어지면 물 질이 '희석되는' 효과가 나타나기 때문이다) 빈 공간의 에너지밀도는 일정 한 값을 유지하고 있다. 왜 그럴까? 텅 빈 공간에서는 더 이상 희석될 것이 없기 때문이다! (또는 앞에서 반 농담 삼아 말한 것처럼, 우주가 팽창하 면서 공간에 일을 해 주고 있기 때문이라고 생각할 수도 있다.) 그런데 가로 방향으로 나 있는 시간 축의 '현재'에 해당하는 부분에서 두 개의 곡선

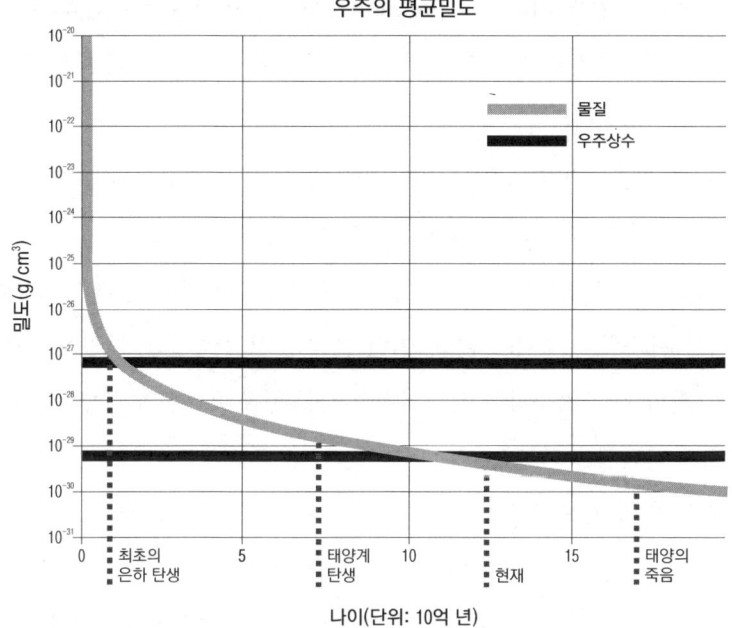

우주의 평균밀도

물질
우주상수

밀도(g/cm³)

0   최초의   5   태양계   10   현재   15   태양의
    은하 탄생   탄생   죽음

나이(단위: 10억 년)

이 아주 가깝게 위치하고 있다. 즉, 지금 우리가 물질밀도와 우주상수
의 값이 아주 가까운 시기에 살고 있다는 뜻이다.

빈 공간의 에너지가 현재 추정되는 값의 50배라면 어떻게 될까? 이
런 경우라면 두 개의 곡선은 위의 그림과 같이 훨씬 과거에 만났을 것
이다.

우주상수(빈 공간의 에너지)를 지금의 50배로 키우면, 물질밀도와 우
주상수가 일치하는 시점은 최초의 은하가 생성되었던 시점(빅뱅 후 약
10억 년)과 비슷해진다. 그런데 여기서 우리는 빈 공간의 에너지가 밀어
내는 중력과 관련되어 있다는 것을 되새길 필요가 있다. 은하가 형성되

기 전에 빈 공간의 에너지가 물질에너지보다 많았다면, 밀어내는 힘이 중력을 압도하여 물질이 한 곳에 뭉치지 못했을 것이고, 은하도 형성되지 않았을 것이다!

은하가 없으면 별도 없고, 별이 없으면 행성도 없다. 그리고 행성이 없으면 우주를 연구할 천문학자도 존재하지 않았을 것이다!

그러므로 빈 공간의 에너지가 현재 관측된 값의 50배였다면, 그 에너지를 관측할 생명체도 없고, 이런 문제로 고민할 일도 없었을 것이다. 그러나 지금 지구라는 행성의 과학자들은 우주상수의 정체를 밝히기 위해 안간힘을 쓰고 있다.

이것은 무엇을 의미하는가? 우주의 팽창속도가 빨라지고 있다는 사실이 밝혀진 직후에 물리학자 스티븐 와인버그Steven Weinberg는 10여 년 전에 자신이 개발했던 논리에 기초하여(당시는 암흑물질이 발견되기 전이었다) 우주상수가 하필 지금과 같은 값을 갖게 된 '우연의 일치 문제Coincidence Problem'를 '인류원리anthropic principle'에 입각하여 설명할 것을 제안했다. 즉, 우주가 여러 개 존재하고, 각 우주의 빈 공간 에너지값이 어떤 확률법칙에 따라 할당되어 있다면, 수많은 우주들 중 이 값이 우리 우주와 비슷한 우주에서만 생명체가 번성할 수 있다는 논리이다. 그렇다면 우리 우주의 빈 공간 에너지가 지금처럼 작은 값을 갖는 이유도 설명할 수 있다. 빈 공간의 에너지가 지금보다 훨씬 컸다면, 인간을 비롯한 생명체가 존재하지 않았을 것이기 때문이다. '생명체가 살 수 있는 우주'에서 지금 우리가 살고 있다는 것이 너무나 당연하지 않은가!

그러나 이 논리가 수학적으로 타당하려면 여러 개의 우주가 존재한다는 가능성부터 검증되어야 한다. 사실, '여러 개의 우주'라는 말 자체부터 어색하다. 원래 우주uni-verse라는 단어 속에는 '존재하는 모든 것을 포함하는 하나'라는 뜻이 이미 포함되어 있기 때문이다.

최근 들어 '우주'라는 말은 한층 더 단순하면서 적절한 의미로 해석되고 있다. 과거부터 전통적인 개념의 우주는 '눈에 보이는 모든 것'과 '과거에 보았던 모든 것'으로 이루어져 있는 우주였다. 그러므로 물리학적 관점에서 봤을 때 우리 우주란 과거에 우리에게 영향을 주었던 모든 것과 지금 영향을 주고 있는 것, 그리고 앞으로 영향을 주게 될 모든 것을 의미한다.

우주의 정의를 이렇게 내린다면 원리적으로 다른 우주(바다를 사이에 두고 완전히 동떨어져 있는 섬처럼, 과거, 현재, 미래에 우리에게 절대로 영향을 미칠 수 없는 우주)도 존재할 수 있다.

우리의 우주는 너무나 방대하기 때문에, 발생할 가능성이 조금이라도 있는 사건은 언제 어디선가 반드시 일어난다. 우주 전체를 놓고 보면 상식적으로 확률이 아주 낮은 사건도 수시로 일어나고 있다. 독자들은 이와 같은 원리가 다중우주multiverse에도 적용되는지 궁금할 것이다(우주의 수가 충분히 많다면, 도저히 있을 것 같지 않은 희한한 우주도 어딘가에 존재할 것인가?-옮긴이). 요즘 부각되고 있는 이론물리학의 논제들을 보면, 다중우주는 단순한 가능성을 넘어 이론적으로 요구되는 개념인 듯하다. 특히 현대 입자물리학의 핵심을 이루는 몇 가지 아이디어들은 다중우주의 존재를 강하게 요구하고 있다.

내가 이 점을 강조하는 이유는 창조론을 옹호하는 사람들이 다중

우주를 '해답이 바닥난(또는 질문이 바닥난) 물리학자들이 궁여지책으로 생각해낸 가설'쯤으로 생각하고 있기 때문이다. 물론 창조론자들의 생각이 훗날 옳은 것으로 판명될 수도 있지만, 지금 당장은 아니라고 본다. 물리학의 법칙에 입각하여 논리적 가능성을 엄밀하게 따져보면, 우리의 우주는 유일하지 않을 수도 있다.

요즘 대두되고 있는 다양한 버전의 다중우주가설 중에서 논리적으로 가장 그럴듯한 것은 인플레이션에서 유도되는 다중우주이다. 인플레이션이론에 의하면 아득한 과거에 막대한 에너지로 가득 차 있던 지역(가짜진공)이 급격하게 팽창하기 시작했는데, 어느 시점에 이르러 이 가짜진공상태에 있던 작은 영역이 위상변화를 일으켜 인플레이션을 끝내고, 그 안에 있던 상(場)이 에너지를 방출하면서 진성한 '저에너지상태'로 주저앉았다. 그 후로 이 영역은 급속한 팽창을 끝내고 완만한 팽창을 겪게 된다. 그러나 이런 영역들 사이의 공간은 여전히 인플레이션(급속팽창)을 겪었다. 즉, 전체공간에 걸쳐 위상변화가 마무리되기 전까지는 대부분의 공간이 인플레이션을 겪었다는 뜻이다. 그러므로 인플레이션을 먼저 끝낸 영역들은 나머지 공간의 인플레이션에 의해 그 사이가 엄청나게 멀어졌을 것이다. 화산에서 분출되는 용암에서도 이와 비슷한 현상이 나타난다. 마그마의 일부는 차갑게 식으면서 바위가 되지만, 이들이 마그마의 바다에 표류하면서 바위들 사이의 간격은 점차 멀어진다.

앨런 구스와 함께 인플레이션이론의 산파 역할을 했던 안드레이 린데Andrei Linde는 1986년에 한층 더 일반적인 시나리오를 제안했고, 러시아 출신의 미국 물리학자 알렉스 빌렌킨Alex Vilenkin도 이와 비슷한 아이디어를 내놓았다. 린데와 빌렌킨은 러시아가 낳은 위대한 물리학자로 알려져 있지만, 두 사람은 서로 상반된 길을 걸어왔다. 린데는 구소련연방에서 물리학의 발전을 선도하다가 소련이 붕괴된 후 미국으로 이주한 사람이다. 다소 급한 성격에 천재적 두뇌의 소유자이자 농담을 즐겨 하는 린데는 이주 후에도 입자물리학과 우주론 연구에 전념하면서 학계를 이끌어왔다. 반면에 빌렌킨은 린데보다 먼저 미국으로 건너와 야간경비원 등 다양한 아르바이트를 하면서 물리학을 공부했다. 그는 항상 우주론에 관심을 두고 있었으나, 대학원에서 우연히 '응집물리학condensed matter physics'이라는 다소 엉뚱한 분야를 전공했고, 한때 내가 교수로 있었던 케이스웨스턴리저브대학에서 박사후과정을 거쳤다. 이때 빌렌킨은 자신의 지도교수였던 필립 테일러Philip Taylor에게 "내게 주어진 연구를 열심히 수행할 테니, 일주일에 며칠은 우주론을 연구할 수 있게 해 달라"고 부탁했고, 테일러는 흔쾌히 부탁을 들어주었다. 훗날 테일러는 빌렌킨과 같이 보냈던 시간을 회상하면서 이렇게 말했다. "그는 우리 연구실의 연구 테마가 아닌 우주론을 연구하면서 많은 시간을 보냈지만, 내가 부여했던 연구과제를 항상 훌륭하게 수행했다. 빌렌킨은 우리 연구실을 거쳐 간 포스트닥 중에서 단연 최고였다."

어쨌거나 린데가 떠올렸던 아이디어는 다음과 같다. 인플레이션이 진행되는 동안, 인플레이션을 유발했던 장이 양자요동에 의해 가장 낮은 에너지상태로 떨어졌지만(이것은 인플레이션의 '우아한 종료'를 의미한다), 일부 지역에서는 양자요동이 장의 에너지를 더 높은 값으로 끌어

올릴 수도 있다. 이런 지역에서는 인플레이션이 긴 시간 동안 계속되기 때문에, 인플레이션이 이미 종료된 지역보다 훨씬 큰 공간을 차지하게 된다. 그리고 이 영역 안에서 또다시 양자요동에 의해 인플레이션을 끝내는 소영역과 그렇지 않은 영역이 나눠지고, 이 과정은 얼마든지 계속될 수 있다.

이것은 우리 주변에서 관측되는 혼돈계와 비슷한 면이 있다. 그래서 린데는 자신의 가설을 '혼돈 인플레이션chaotic inflation'이라고 불렀다. 예를 들어 펄펄 끓고 있는 오트밀(죽의 일종)의 표면에서는 임의의 위치에 수시로 기체거품이 생겼다가 터지는데, 이는 그곳에 있던 액체가 위상변화를 일으켜 기체가 되었음을 의미한다. 그러나 거품들 사이에 있는 액체상태의 오트밀은 여전히 냄비 속에서 이리저리 흐르고 있다. 이 상황을 거시적으로 보면 어떤 규칙이 존재하지만(어디선가 거품이 발생하여 터진다), 국소적인 관점에서는 어느 곳을 바라보느냐에 따라 상황이 크게 달라진다. 혼돈 인플레이션을 겪는 우주도 이와 비슷하다. 만일 누군가가 우연히 '거품' 속에 존재하게 되었다면, 이곳은 진정한 바닥상태이므로 인플레이션이 끝났을 것이다. 그러나 거품을 제외한 대부분의 공간은 여전히 인플레이션을 겪고 있다.

혼돈 인플레이션은 사실상 영원히 지속된다. 즉, 일부지역(사실은 대부분의 공간)이 끝없는 팽창을 겪는 것이다. 이 와중에 인플레이션이 끝난 영역들은 '상호연결이 단절된 우주'로 남게 된다. 이처럼 인플레이션이 영원히 지속된다면 다중우주의 개념이 필연적으로 도입된다. 그리고 여러 가지 버전의 인플레이션이론 중에서 혼돈인플레이션이 가장 그럴듯한 이론이라는 점도 기억해두기 바란다. 린데는 1986년에 발표한 논문에 다음과 같이 적어놓았다.

"우주는 왜 하나인가?"라는 질문은 최근 들어 "여러 개의 미니-우주들 중에서 어떤 것이 우리의 우주인가?"라는 질문으로 바뀌었다. 물론 여전히 어려운 질문이지만, 앞의 질문보다는 쉽다. 인플레이션 시나리오를 받아들인다면, 우주의 거시적 구조와 우리의 위치에 대한 관점을 바꿀 수밖에 없다.

린데가 강조한 바와 같이, 인플레이션은 물리학에 새로운 가능성을 제시했다. 인플레이션을 겪는 우주가 최종적으로 도달하게 될 저에너지 양자상태는 여러 가지가 있다. 장(場)의 양자상태가 배열되는 양상은 각 영역마다 다르게 나타나기 때문에, 물리학의 기본법칙도 영역마다 다르게 나타날 수 있다.

바로 여기서 인류원리에 입각한 '경관landscape'의 개념이 등장한다. 우리의 우주가 인플레이션을 겪은 후 최종적으로 도달할 수 있는 가능한 상태가 여러 개 존재한다면, 그중 하나는 '은하가 형성될 수 있을 정도로 빈 공간의 에너지가 충분히 작은 우주'일 것이고, 이것이 바로 지금 우리가 속해 있는 우주이다. 현학적인 사고를 즐기는 과학자들은 이런 논리를 좋아할 것이다. 어쨌거나 지금 우리의 우주에는 은하와 별, 행성, 그리고 생명체가 존재하기 때문이다.

그러나 '경관'은 원래 우주론 용어가 아니라, 지난 25년 동안 이론입자물리학계를 떠들썩하게 만들었던 끈이론string theory학자들이 효과적인 홍보를 위해 도입한 용어이다. 끈이론은 자연에 존재하는 모든 소립자들이 입자가 아닌 진동하는 끈으로 이루어져 있다고 주장한다. 바이올린의 줄이 진동모드에 따라 각기 다른 소리를 내는 것처럼, 끈의 진동모드에 따라 자연에 존재하는 다양한 입자들로 나타난다는 것이다. 그러나 끈이론이 수학적으로 타당하려면 공간의 차원이 3차원보다 훨씬 높아야 한다. 우리 눈에 보이는 공간은 분명히 3차원이므로 나머지 차원이 어디로 사라졌는지 규명해야 하는데, 아직도 직관적 설명 없이 복잡한 수학적 모형만 난무하고 있으며, 끈을 제외한 다른 요소들이 이론에서 어떤 역할을 하는지도 분명치 않다. 게다가 실험적으로 검증 가능한 물리량을 지금까지 단 하나도 예측하지 못하여 "물리학 이론으로서의 기본 자격조차 갖추지 못했다"는 비난까지 듣고 있다.

이 책의 주제는 끈이론과 거리가 멀기 때문에 자세히 파고들 필요는 없을 것 같다. 사실 자세히 설명하려고 해도 설명할 만한 것이 없다. 지난 25년 동안 끈이론과 관련하여 분명하게 밝혀진 사실이라곤 "이론이 엄청나게 복잡하면서 근본적인 특성은 여전히 미스터리로 남아 있다"는 것뿐이다.

끈이론이 현실세계와 어떤 관계에 있는지는 아직도 오리무중이지만, 엄청난 영향력을 발휘한 것만은 분명하다. 지금까지 실험이나 관측 결과를 단 하나도 설명하지 못하면서 학계에 널리 수용된 이론은 오직 끈이론뿐이다.

많은 사람들은 '검증이 불가능하다'는 이유로 끈이론을 비난하고 있다. 나 역시 지난 세월 동안 학계에서 끈이론 반대론자로 인식되어 왔지만, 이 책에서 끈이론을 비난할 생각은 추호도 없다. 그동안 내가 학교에서 했던 모든 강의는 물론이고, 공식적인 자리에서 끈이론의 열렬한 지지자인 나의 친구 브라이언 그린Brian Greene과 토론을 벌일 때에도 편견에 빠지지 않으려고 나름대로 노력해왔다. 그러나 사실관계를 정확하게 파악하려면 끈이론의 부풀려진 명성을 걷어낼 필요는 있다고 본다. 끈이론이 탄생 초기부터 각광을 받은 이유는 이론물리학 최대의 난제를 해결해 줄 후보로 지목되었기 때문이다. 아인슈타인의 일반상대성이론과 양자역학은 각각 거시적 스케일과 미시적 스케일에서 막강한 위력을 발휘했지만, 이들을 한곳에 섞어놓으면 예외 없이 심각한 고장을 일으켰다. 물리학자들은 일반상대성이론과 양자역학을 조화롭게 결합하여 가장 작은 스케일에서 우주의 거동을 설명해 주는 이론을 찾기 위해 거의 안 해 본 일이 없었으나 한결같이 실패로 끝났다. 그런데 어느 날 혜성처럼 등장한 끈이론이 그 문제를 해결하겠다고 나선 것이다.

나는 몇 년 전에 끈이론을 주제로 책을 출간한 적이 있다(『거울 속의 물리학Hiding in the Mirror』(2006)-옮긴이). 그러나 이 책에서는 긴 설명이 필요 없으므로, 간단하게 요점만 짚고 넘어가기로 한다. 끈이론의 최대 현안을 해결하기는 어렵지만, 말로 설명하는 것은 아주 쉽다. 숭력(일반상대성이론)과 양자역학이 만나는 아주 작은 스케일에서 입자의 기본단위인 끈은 닫힌 고리loop의 형태로 존재한다. 그런데 닫힌 끈이 놓일 수 있는 여러 가지 들뜬 상태들excited states 중에, 중력의 매개입자인 '중력자

graviton'에 해당하는 상태가 포함되어 있다. 그러므로 이런 끈에 양자역학을 적용하면 (원리적으로) 중력이론의 양자역학버전에 해당하는 양자중력이론quantum gravity을 구축할 수 있다.

표준 양자역학을 중력에 그대로 적용하면 항상 '무한대'라는 복병이 나타난다. 일단 무한대가 등장하면 더 이상 어떤 논리도 전개할 수 없다. 끈이론학자들은 그들이 개발한 새로운 양자중력이론이 무한대를 낳지 않는다는 사실을 잘 알고 있었으나, 거기에는 한 가지 단서가 붙어 있었다. 소립자를 구성하는 끈이 수학적 모순을 일으키지 않고 진동상태를 유지하려면, 이들이 존재하는 곳은 3차원 공간과 1차원 시간으로 이루어진 4차원 시공간이 아니라, 무려 26차원 시공간이어야 했다!

이 정도로 황당한 결과가 나오면 웬만한 물리학자들은 고개를 저으며 포기하는 것이 정상이다. 그러나 1980년대 중반에 고등과학원의 에드워드 위튼Edward Witten을 비롯한 몇 명의 물리학자들이 끈이론의 수학적인 부분을 '아름답게' 수정하여, 양자중력이론 이상의 능력을 발휘하는 뛰어난 이론으로 재탄생시켰다. 초대칭supersymmetry이라는 새로운 수학개념을 끈이론에 도입했더니, 시공간의 차원이 26에서 10으로 줄어든 것이다.

더욱 중요한 것은 끈이론의 체계 안에서 중력이 다른 세 종류의 힘(전자기력, 약력, 강력)과 통일될 가능성이 있었고, 자연에 존재하는 모든 소립자들도 끈이론을 통해 설명될 가능성이 보였다는 점이다! 우리에게 친숙한 4차원 시공간 안에 존재하는 모든 만물이 단 하나의 10차원

이론으로 설명된다면, 일단 그 이론을 믿어볼 만하지 않겠는가?

그 후로 '끈이론은 만물의 이론Theory of Everything'이라는 소문이 학계에 널리 퍼졌고, 다양한 매체를 통해 일반 대중들에게도 소개되기 시작했다. 지금도 많은 사람들은 '초전도체superconductor'보다 '초끈이론superstring theory(초대칭을 도입한 끈이론)'이라는 용어에 더 익숙할 것이다. 초전도체는 극저온에서 전기저항이 전혀 없이 전류를 영원히 흘려보내는 물질로서, 지금까지 관측된 물성 중 가장 획기적인 발견이라 할 수 있다. 물론 초전도체의 물리적 특성은 양자역학을 통해 완전히 규명된 상태이다. 그런데도, 일반독자들은 초전도체보다 초끈이론에 더 많은 관심을 보이고 있으니, 초끈이론학자들이 이론을 홍보하는 데 얼마나 많은 노력을 기울여왔는지 짐작이 가고도 남을 것이다.

사실 끈이론이 지난 25년 동안 마냥 환대만 받아온 것은 아니다. 세계적인 이론물리학자들이 이 분야에 뛰어들어 새로운 수학을 개척해왔지만(한 예로 에드워드 위튼은 수학자 최고의 영예인 필즈상Fields Prize을 수상했다), "끈이론에서 말하는 '끈'은 만물의 기본단위가 아닐 수도 있다"는 의견이 대두되면서 끈을 대치하는 '브레인brane'의 개념이 등장했다. 브레인은 세포의 막(membrane, 멤브레인)을 뜻하는 단어의 끝 부분을 따온 용어로서 끈보다 높은 차원에 존재하며, 끈이론의 특성을 좌우하는 진정한 주인공으로 추정되고 있다.

그런데 정말로 난처한 것은 수학적으로 가능한 끈이론이 하나가 아니라는 점이다. 이 문제는 끈이론의 차원을 현실세계에 맞추는 과정에서 불거졌다. 다들 알다시피 우리가 살고 있는 시공간은 10차원이 아닌 4차원이다. 끈이론이 옳다면 나머지 차원은 어디로 갔는가? 끈이론학자들은 나머지 6개의 차원들이 작은 영역 속에 기이한 방식으로 돌돌 말려 있다는 '차원다짐dimensional compactification'을 제안했다. 단, 이 영역은 현재 세계에서 가장 강력한 입자가속기로도 탐사할 수 없을 정도로 작다. 무언가 대안을 내놓긴 했는데 그조차 확인할 방법이 없는 것이다.

언뜻 생각하면 끈이론의 숨은 차원이라는 것이 영적, 또는 종교적 세계와 일맥상통할 것 같지만, 사실은 전혀 그렇지 않다. 충분히 큰 입자가속기가 만들어진다면 '형이하학적으로' 그 존재를 확인할 수 있기 때문이다. 이렇게 큰 입자가속기가 과연 어느 정도 실용적일지 의문이지만, 아무튼 불가능하지는 않다. 입자가속기를 만들 수 없다면, 우리에게 친숙한 4차원 시공간에서 여분차원의 존재를 시사하는 간접적인 증거를 찾아낼 수도 있다(가상입자의 존재도 간접적인 방법을 통해 입증되었다). 어차피 끈이론은 우주의 존재를 입증하기 위해서가 아니라 우주의 현상을 설명하기 위해 대두된 이론이고, 여분차원은 그 이론의 일부이므로, (가능성은 별로 높지 않지만) 언젠가는 경험적 실험을 통해 발견될 것이다.

그러나 끈이론의 여분차원은 우리의 우주가 유일하다는 기존의 통념을 심각하게 위협하고 있다. 처음에는 하나의 10차원 이론으로 출발했는데(다시 한번 강조하지만, 이 세계가 정말로 10차원인지는 아무도 알 수 없다), 눈에 보이지 않는 6차원을 작은 영역 안에 숨기는 방법이 엄청나게 많은 것으로 판명되었고, 각 방법마다 최종적으로 남은 4차원은 완전히 다른 세계를 서술하고 있었다. 여기서 유도된 4차원 세계들은 물리법칙과 힘, 입자의 종류, 그리고 자연에 존재하는 대칭성 등 많은 부분들이 서로 다른 것으로 알려졌다. 한 계산에 의하면 10차원 끈이론에서 유도된 4차원 우주가 무려 10^{500}개에 이르기도 한다. '만물의 이론'으로 추앙받던 이론이 '아무거나 허용하는 이론Theory of Anything'으로 전락한 것이다!

이 상황은 내가 가장 좋아하는 과학만화 『xkcd』에 풍자적으로 소개되어 있다 ― A가 B에게 말한다. "이봐, 방금 기막힌 아이디어가 떠올랐어. 모든 물질과 에너지가 끈으로 이루어져 있다면 어떨까?" B가 대답한다. "괜찮은 아이디어네. 그런데 그게 무슨 뜻이지?" A가 말한다. "그야 나도 모르지!"

노벨 물리학상 수상자인 프랭크 윌첵Frank Wilczek은 약간 익살스러운 투로 이렇게 말했다. "끈이론학자들은 물리학을 갖고 노는 새로운 방법을 개발했다. 노는 방식은 다트 게임과 비슷한데, 규칙이 조금 다르다. 일단 아무것도 없는 빈 벽을 향해 다트를 던진 후, 벽으로 다가가서 다트가 꽂힌 곳에 과녁을 그려 넣는 식이다."

윌첵은 과대 포장된 끈이론의 현실을 정확하게 꼬집었지만, 끈이론학자들은 억울하다고 생각할 것이다. 그들은 사실을 과장하는 사람들이 아니라, 우주를 다스리는 법칙과 원리를 이해하기 위해 사심 없이 연구에 몰두하고 있는 물리학자들이다. 그리고 끈이론에서 예견되는 4차원 세계가 무수히 많다는 것도, 단점이 아닌 장점으로 부각되고 있다. 이제 우리는 10차원 다중우주 속에 다양한 4차원 세계(또는 5차원,

또는 6차원 등등)를 끼워 넣을 수 있게 되었다. 이 세계들은 물리학법칙이 다를 뿐만 아니라, 빈 공간에 존재하는 에너지의 양도 각기 다르다.

언뜻 보기엔 면피용 대책 같지만, 사실은 이론을 전개하는 과정에서 필연적으로 얻어진 결과이며, 다중우주의 '경관landscape'이 탄생하게 된 출발점이기도 하다. 빈 공간의 에너지를 설명하는 인류원리도 여기에 근거를 두고 있다. 이것을 사실로 받아들인다면, 3차원 공간에서 분리된 채 존재하는 무수히 많은 우주를 떠올릴 필요가 없다. 그냥 우리가 속해 있는 공간의 한 점에서 눈에 보이지 않는 우주를 무한히 쌓아올리면 된다. 단, 개개의 우주들은 물리적으로 완전히 다른 특성을 갖고 있다.

이것은 성 토마스 아퀴나스Saint Thomas Aquinas(13세기에 스콜라철학을 이끌었던 이탈리아의 신학자-옮긴이)가 말했던 '바늘 위의 천사들'과 분명히 다른 문제이다. 아퀴나스는 여러 명의 천사들이 바늘 끝에 동시에 앉을 수 있는지(즉, 공간상의 동일한 위치를 점유할 수 있는지)를 놓고 고민하다가 "불가능하다"는 결론에 도달했다. 물론 이것은 신학적 논리나 실험을 통해 검증된 주장이 아니었다(만일 이 천사들이 양자적 보손boson과 관련된 존재라면, 아퀴나스의 결론은 분명히 잘못되었다!).

끈이론이 제시하는 양자적 다중우주에 적절한 수학을 가미하면 몇 가지 물리학적 예측을 내놓을 수 있다. 예를 들어 고차원 다중우주에 심어진 다양한 4차원 우주의 확률적 분포상태를 예측할 수 있는데, 이 과정에서 진공에너지가 서로 같고 입자족이 3개라는 것도 같으며, 근본적인 힘이 4가지라는 것까지 똑같은 우주가 엄청나게 많이 존재한다는 사실을 발견할 수도 있다. 또는 먼 거리까지 작용하는 전자기력은 진공에너지가 아주 작은 우주에만 존재한다는 것을 발견할 수도 있다. 이들 중 하나만이라도 확인된다면 확률에 입각한 인류원리는 상당한 설득력을 얻게 될 것이다(무수히 많은 우주들 중에서 빈 공간의 에너지가 우리의 우주와 동일할 확률이 꽤 높은 것으로 판명된다면, 우리가 지금과 같은 우주에서 살고 있는 이유도 자연스럽게 설명된다. 즉, "이런 우주가 가장 흔하기 때문이다!").

끈이론의 수학은 아직 이 정도 수준까지 도달하지 못했다. 물론 앞으로 영원히 도달하지 못할 수도 있다. 그러나 지금까지 구축된 이론이 여러 면에서 부족하다고 해도, 목적지에 도달할 가능성이 전혀 없는 것은 아니다.

끈이론이 답보상태에 빠져 있는 동안, 입자물리학은 인류원리를 한층 더 발전시켰다.

요즘 대부분의 입자물리학자들은 우주론학자를 겸하고 있다. 알려진 바가 거의 없는 텅 빈 공간의 에너지가 우주론의 최대현안으로 대두되었기 때문이다. 그러나 입자물리학 자체에도 아직 해결되지 않은 문제들이 산적해 있다!

소립자는 왜 3종류의 족(族, 전자, 뮤온, 그리고 타우입자가 각 입자족을 대표한다)으로 존재하는가? 세 종류의 쿼크들 중 에너지가 가장 낮은 것들(위쿼크와 아래쿼크)이 물질의 대부분을 이루고 있는 이유는 무엇인가? 자연에 존재하는 네 가지 힘들 중에서 중력이 가장 약한 이유는 무엇인가? 양성자의 질량은 왜 전자의 2,000배인가? 입자물리학은 이런 질문에 아직 마땅한 답을 제시하지 못하고 있다.

일부 입자물리학자들은 인류 원리라는 악대차에 올라탄 채 극단적인 의견을 쏟아내고 있다. 아마도 물리학적인 논리로 미스터리를 푸는 데 한계를 느꼈기 때문일 것이다. 하나의 물리량이 지금과 같은 값을 갖게 된 것이 그저 우연일 뿐이라면, 나머지 물리량들도 그렇지 않을 이유가 없지 않은가? 그렇다면 입자물리학의 모든 미스터리들도 "우주가 지금과 같지 않았다면 우리는 태어나지도 않았을 것"이라는 주문(呪文)으로 해결될 수 있다.

독자들은 이것으로 자연의 미스터리가 풀린 것인지, 과연 이런 것을 과학이라 불러도 되는지 의심스러울 것이다. 지난 450년 동안 물리학이 추구해 온 목적은 우리의 우주가 왜 지금과 같은 모습인지를 설명하는 것이었다. "자연의 법칙은 왜 지금과 다른 우주를 만들지 않았는가?"라는 질문을 파고드는 것은 물리학의 본분이 아니라는 이야기다.

영원히 관측될 수 없는 우주들(공간적으로 무한히 떨어져 있어서 도달할 수 없거나 바로 우리 코앞에 있지만 여분차원에 존재하고 있어서 볼 수 없는 우주들)도 실험이나 관측을 통해 입증될 수 있다. 어떻게 그럴 수 있을까? 지금부터 그 원리를 설명하고자 한다.

예를 들어 전통적인 4차원 물리학을 포기하지 않은 어떤 물리학자가 입자물리학의 오래된 연구주제인 대통일이론Grand Unified Theory, GUT을 이용하여 자연에 존재하는 네 개의 힘들 중 세 개를 통일했다고 생각해 보자. 이런 이론은 자연에 존재하는 힘의 특성과 입자가속기에서 만들어지는 소립자의 종류를 예측할 수 있다. 또한, 이 이론으로부터 예측된 수많은 내용들이 실험을 통해 검증된다면, 우리는 그것을 옳은 이론으로 간주할 수 있다.

이제 이 이론이 우주 초기에 인플레이션이 일어났던 시기를 예측하고, 이 사건이 다중우주에서 진행되고 있는 영구적 인플레이션의 지엽적 사건에 불과했음을 주장한다고 가정해 보자. 우리는 우주지평선 너머에 있는 지역을 직접 관측할 수 없지만, 앞서 말한 대로 "무언가가 오리처럼 생겼는데 오리처럼 걸으면서 오리처럼 꽥꽥 짖는다면, 그것은 오리일 가능성이 높다".

여분차원과 관련된 아이디어들은 경험적으로 입증하기가 매우 어렵지만 완전히 불가능하지도 않다. 지금도 다수의 젊은 이론물리학자들은 여분차원의 존재를 간접적으로나마 증명하기 위해 자신의 일생을 걸고 있다. 결코 이루어질 수 없는 희망 사항일 수도 있는데, 이들의 의지는 거대한 바위처럼 요지부동이다. 운이 좋으면 스위스 제네바 근처에 있는 대형강입자가속기Large Hadron Collider가 새로운 물리학을 위한 창을 열어줄 수도 있다.

지난 100년 동안 자연에 대한 우리의 이해는 그 전례를 찾아볼 수 없을 정도로 크게 발전했으며, 망원경으로 관측할 수 있는 우주의 범위도 상상을 초월할 정도로 넓어졌다. 또한, 우리는 빅뱅과 함께 팽창하는 우주의 특성을 어느 정도 이해하게 되었고, 수천억 개에 달하는 은하와 수조 개에 달하는 별들의 존재도 알게 되었으며, 우주의 99%가 눈에 보이지 않는 물질이나 에너지로 이루어져 있다는 놀라운 사실도 알게 되었다. 이 99% 중 일부는 새로운 형태의 입자일 것으로 추정되는 암흑물질이며, 나머지는 완전한 미스터리로 남아 있는 암흑에너지이다.

현재 상황으로 미루어볼 때, 앞으로 물리학은 '환경에 의존하는 과학'이 될 가능성이 높다. 물리학자들이 오랜 세월 동안 특별한 의미를 부여해왔던 자연의 기본상수들은 주어진 환경에 따라 '우연히' 지금과 같은 값을 갖게 되었을지도 모른다. 우리 과학자들이 우리 자신과 과학을 심각하게 생각해 온 것처럼, 우리의 우주까지 너무 심각하게 생각하고 있는지도 모른다. 문자 그대로, 또는 은유적으로, 우리는 무(無)를 갖고 지나친 소란을 피우고 있는지도 모른다. 우리가 이토록 고민하고 있는 우주가 사실은 거대한 다중우주의 바다 속에 버려진 한 조각 쓰레기일 수도 있다. 우주가 왜 지금과 같은 모습인지, 우리는 영원히 알아내지 못할 수도 있다.

물론 언젠가 알아낼 가능성도 있다.

이것이 지금 우리가 이해하고 있는 현실에 대해 내가 표현할 수 있는 최선이다. 여기까지 오기 위해 지난 100여 년 동안 수만 명의 과학자들이 일생을 바쳤고, 인류역사상 가장 정교하고 복잡한 관측장비들이 만들어졌으며, 인간이 생각해낼 수 있는 가장 복잡하고 아름다운 아이디어들이 과학의 발전을 이끌었다. 인간은 무수한 가능성을 상상할 수 있으며, 그 가능성을 탐사할 용기도 갖고 있다. 과학을 이끌어 온 것은 인간 자신이지, 인간을 만들었다는 창조주가 아니다. 인간은 자연을 탐구하면서 수많은 경험을 해 왔고, 그 경험으로부터 지혜와 지식을 이끌어내는 것도 우리 인간들의 몫이다. 이 일을 게을리한다면 현재의 지식을 쌓는 데 일조했던 명석하고 용감한 인물들에게 예의가 아닐 것이다.

우리의 존재와 중요성, 그리고 우주 자체에 대하여 어떤 철학적 결론을 내리고자 한다면, 그 결론은 경험적인 지식에 기반을 두고 있어야 한다. 열린 마음으로 세상을 바라보려면 눈앞에 드러난 실체의 증거를 수용해야 한다. 자신의 입맛에 맞는 무언가를 상상한 후 그 증거를 찾는 것은 열린 마음이 아닌 편견의 산물이다. 자신의 신념이나 취향에 따라 증거를 취사선택한다면, 과학을 포기하는 것이나 다름없다.

9장 무(無)는 곧 유(有)이다

나는 무언가를 모른다고 해서 걱정하지 않는다. 무지
는 나를 겁줄 수 없기 때문이다.

— 리처드 파인만(Richard Feynman)

인류 역사상 가장 위대한 물리학자였던 아이작 뉴턴은 우주를 바라보는 관점을 크게 바꿔놓았다. 그가 남긴 업적 중 가장 중요한 것을 꼽는다면, 아마도 "이 우주는 설명 가능하다"는 적극적 관점일 것이다. 뉴턴은 자신이 발견한 만유인력(중력)의 법칙에 기초하여, 하늘조차도 자연의 법칙에 순응하고 있다는 놀라운 사실을 알아냈다. 기이하면서 변덕스럽고, 위협적이면서 적대적으로 보였던 우주도 자연의 법칙 앞에서는 별다른 존재가 아니었다.

영원히 변하지 않는 법칙이 우주를 지배한다면, 고대 그리스나 로마신화에 등장하는 신들도 그다지 뛰어난 존재는 아니다. 제아무리 신이라고 해도 자연법칙의 하위에 존재하는 한, 이 세상을 제멋대로 비틀어서 인간에게 걱정거리를 안겨줄 수는 없다. 제우스가 이런 처지였다면 이스라엘의 신도 별반 다르지 않을 것이다. 예를 들어 지구가 태양 주변을 돈다는 것은 과학적 사실이다. 그런데 신이 무슨 수로 하늘의 태양을 제자리에 멈추게 한다는 말인가? (구약성서 「여호수아」10장 13절에 "하나님(여호와)이 태양을 멈추게 했다"는 구절이 있다—옮긴이) 다들 알다시피, 태양이 움직이는 것처럼 보이는 이유는 지구의 공전 때문이다. 그러므로 만일 태양이 멈췄다면 이는 곧 지구가 공전을 멈췄다는 뜻이고, 이렇게 되면 공전에 의한 원심력이 사라지면서 지구에는 대재앙이 찾아온다(인간을 비롯한 대부분의 생명체는 일순간에 멸종할 것이다).

물론 초자연적이고 전지전능한 존재라면 기적을 행할 수도 있다. 이런 존재라면 자연의 법칙을 피해 갈 수 있을 것이다. 자연의 법칙까지 창조한 신이라면 그 정도는 아무것도 아니다. 그런데 신들은 왜 수천 년 전에만 기적을 행사하고, 원거리 통신과 다양한 기록매체가 발명된 현대에는 그런 기적을 보여주지 않는 것일까?

어쨌거나 지금 당장 기적이 일어나지 않는다고 해도, 우리는 단순하면서도 심오한 자연의 질서를 마주하면서 두 가지 상반된 생각을 떠올릴 수 있다. 하나는 갈릴레오Galileo Galilei와 뉴턴을 비롯한 17세기의 과학자들이 그랬던 것처럼, 신성한 지적 존재가 그만의 질서 속에서 우주와 인간을 창조했으며, 우리 인간에게 창조주의 형상이 반영되어 있다는 생각이고(그렇다면 인간과 전혀 닮지 않은 복잡하고 아름다운 생명체들은 창조주의 작품이 아니다!), 또 하나는 "원래 우주에는 오직 법칙만이 존재했다"고 생각하는 것이다. 이 법칙에 의해 우리의 우주가 탄생하고 진화했으며, 인간 역시 이 법칙에서 태어난 부산물에 불과하다. 이 법칙은 영원할 수도 있지만, 이마저 우리가 모르는 어떤 물리적 과정의 부산물일 수도 있다.

철학자와 신학자들, 그리고 일부 과학자들은 위에 열거한 두 가지 가능성에 대해 끊임없이 토론을 벌여왔지만, 아직도 둘 중 어느 쪽이 옳은지 결론을 내리지 못했다(영원히 미지로 남을 수도 있다). 그러나 이 책의 서두에서 강조한 바와 같이 희망이나 욕구, 계시, 또는 순수한 사고만으로는 결코 이 문제를 해결할 수 없다. 해답을 구하는 유일한 방법은 자연을 직접 탐사하는 것이다. 이 책의 서문 첫머리에 인용된 제이콥 브로노프스키Jacob Bronowski의 말처럼, 그것이 달콤한 꿈이건 악몽이건 간에(한 사람에게 달콤한 꿈은 다른 사람에게 악몽이 될 수도 있다), 우리는 눈앞에 펼쳐진 현실을 있는 그대로 겪을 수밖에 없다. 우리가 좋아하건 싫어하건 간에, 우주는 그저 자신의 길을 갈 뿐이다.

이쯤에서 특별히 힘을 주어 강조하고 싶은 것이 있다. 우주가 무(無)에서 자연스럽게, 그리고 필연적으로 탄생했다는 주장은 시간이 흐를수록 우리가 이 세계에 대해 알고 있는 모든 사실들과 점점 더 정확하게 일치하고 있다는 것이다. 우리에게 이 중요한 사실을 깨닫게 해 준 것은 경험에 기반을 둔 우주론과 입자물리학이었다. 도덕을 논하는 철학이나 종교, 또는 인간을 중심으로 돌아가는 그 어떤 생각도 우주의 실체를 파악하는 데 도움이 되지 않았다.

이 책의 서두에 제기했던 질문으로 되돌아가 보자. "우주는 왜 텅 비어 있지 않고 무언가가 존재하게 되었는가?" 독자들은 지금까지 이 책을 통해 현대적 우주관을 접했고, 우주의 과거와 미래를 생각해 보았으며 텅 빈 공간, 즉 '무(無)'가 무엇으로 이루어져 있는지도 알게 되었다. 이 정도면 위의 질문에 좀 더 체계적으로 접근할 준비가 된 셈이다. 이 질문은 언뜻 보기에 철학적 분위기를 풍기는 듯하지만, 결정적 실마리를 제공한 것은 과학이었다. 19세기에 누군가가 이런 질문을 제기했다면 다분히 종교적인 관점에서 창조주의 의도를 짐작하는 쪽으로 논의가 진행되었겠지만, 우주의 비밀이 조금씩 드러나기 시작한 지금은 질문의 의미가 많이 달라졌다. 우리는 경험을 통해 지식을 쌓아오면서 과거에는 상상도 못했던 부분까지 과학의 범주 안에서 생각할 수 있게 되었다.

그러나 과학적 마인드로 "왜?"라는 질문을 접할 때에는 각별한 주의를 기울여야 한다. 누군가가 "왜?"라고 물을 때, 사실 그는 "어떻게?"를 묻고 있는 것이다. 그래서 대부분의 경우에는 "어떻게?"에 대한 답을 제공하는 것으로 충분하다. 예를 들어 "지구는 왜 태양으로부터 1억 5천만km 떨어져 있는가?"라는 질문을 생각해 보자. 이런 질문을 듣고 "지구와 태양 사이의 거리는 왜 하필 1억km도 아니고 2억km도 아닌, 1억 5천만km인가?"로 해석하는 사람은 거의 없을 것이다. 대부분의 사람들은 "지구는 어떻게 태양으로부터 1억 5천만km만큼 떨어지게 되었는가?"라는 뜻으로 해석한다. 다시 말해서, 대부분의 사람들은 지구를 지금과 같은 위치에 놓이게 만든 '물리적 과정'에 관심을 갖는다는 뜻이다. 원래 "왜?"라는 질문 속에는 '목적'을 묻는 의도가 함축되어 있지만, 태양계를 과학적 관점에서 이해할 때는 일반적으로 '태양계의 생성 목적' 같은 것을 굳이 떠올리지 않는다.

그래서 나는 "우주는 왜 텅 비어 있지 않고 무언가가 존재하는가?"라는 질문을 "우주에는 어떻게 무언가가 존재하게 되었는가?"라는 질문으로 해석하고자 한다. 사실 "어떻게?"는 우리가 자연에서 얻은 지식으로 명확한 답을 제시할 수 있는 유일한 질문이다.

그러나 실질적인 이해를 도모하기 위해, 경우에 따라서는 위의 "어떻게?"라는 질문을 "현재의 우주가 갖고 있는 특성은 어디서 비롯되었는가?"라거나, "우리는 그것을 어떻게 알게 되었는가?"라는 식의 질문으로 대치할 수도 있다.

이런 식으로 자신의 질문을 분석하다 보면 문제를 새로운 각도에서 이해하거나 새로운 지식을 얻게 될 수도 있다. 이것이 바로 과학적 질문과 신학적 질문의 차이점이다(일반적으로 신학적 질문은 답이 존재한다는 것을 가정하고 있다). 나는 신학자들을 상대로 "과학의 여명기인 500년 전부터 지금까지 신학은 인류의 지식을 축적하는 데 아무런 기여도 하지 않았다"고 전제한 후, 내 주장이 틀렸음을 입증하는 증거를 대 보라고 제안한 적이 있는데, 지금까지 어느 누구도 그럴듯한 반증을 제시하지 못했다. 그 사이에 내가 신학자들에게 가장 흔하게 들었던 질문은 "당신이 말하는 지식이란 대체 무엇인가?"였다. 인식론적 관점에서 보면 매우 심오한 질문이겠지만, 내가 보기에는 난처한 상황을 피해 가려는 반격에 불과했다. 만일 내가 생물학자나 심리학자, 또는 역사학자나 천문학자에게 이와 같은 제안을 했다면(예를 들어 생물학이 인류의 지식을 축적하는 데 아무런 도움이 되지 않았다고 주장한다면), 그들은 조금도 당황하지 않고 타당한 반론을 제기했을 것이다.

물론 신학적인 예견도 실험을 통해 검증될 수 있다면, 그리고 이로부터 우주와 관련된 '실질적인' 지식을 얻을 수 있다면, 이것도 질문에 대한 대답이 될 수 있다. 그래서 이 책에서도 나는 유용한 질문에 초점을 맞춰왔다. 그러나 "무(無)에서 어떻게 유(有)가 창조되었는가?"라는 질문은 거의 모든 분야에서 항상 제기되고 있으므로, 이 책에서도 집중적으로 다룰 필요가 있다.

우리가 우주를 합리적인 존재로 생각하건 그렇지 않건 간에, 뉴턴은 신의 입지를 크게 줄여놓았다. 뉴턴의 운동법칙은 신이 취할 수 있는 행동의 자유에 심각한 제한을 가했을 뿐만 아니라, 초자연적 존재가 개입할 여지를 거의 남겨놓지 않았다. 뉴턴은 태양 주변의 행성들이 "누군가가 밀어주고 있어서" 움직이는 것이 아니라, (당시의 직관으로는 이해하기 어려웠겠지만) "태양이 행성을 끌어당기고 있어서, 행성이 태양으로 추락하지 않으려면 공전하는 수밖에 없다"는 사실을 깨달았다. 그전까지만 해도 사람들은 천사가 행성의 길을 인도한다고 믿어왔으나, 뉴턴은 그 믿음을 우주 저편으로 날려버렸다. 뉴턴의 법칙이 알려진 후에도 사람들은 천사의 존재를 꾸준히 믿어왔지만(한 통계자료에 의하면 지금도 미국에는 진화론을 믿는 사람보다 천사의 존재를 믿는 사람이 더 많다), 뉴턴 이후로 과학이 크게 발달하면서 신이 피조물을 통해 자신의 존재를 드러낼 기회가 현격하게 줄어든 것은 사실이다.

우리는 물리법칙을 벗어난 그 어떤 것에도 의존하지 않은 채 우주의 초창기인 빅뱅을 논할 수 있으며, 예언자의 도움 없이도 우주의 미래를 예측할 수 있게 되었다. 아직 풀리지 않은 수수께끼가 많이 남아 있긴 하지만, 앞으로 나는 독자들이 "논리적으로 이해할 수 없는 자연현상을 접했을 때 신을 개입시키지 않는다"고 가정할 것이다. 신학자들도 이런 행위가 신의 위엄을 해칠 뿐만 아니라, 나중에 수수께끼가 풀렸을 때 신의 입지를 좁힌다는 사실을 잘 알고 있다.

이런 점에서 볼 때 '무에서 창조된 유'는 창조의 행위에 초점을 맞추고, 과학적 논리만으로 완벽한 설명을 제시할 수 있는지를 묻는 쪽으로 전개되는 것이 바람직하다.

자연에 대해 우리가 알고 있는 지식을 바탕으로 생각해볼 때, "우주는 무에서 창조되었는가?"라는 질문은 세 가지 의미로 해석될 수 있으며, 모든 경우에 "그럴 가능성이 높다"는 답으로 귀결된다. 지금부터 세 가지 버전의 질문에 답을 제시하는 데 이 책의 나머지 부분을 할애할 예정이다. 무에서 유가 창조된 이유why도 중요하지만, 이보다 더 현실적인 방법how을 설명하는 데 중점을 둘 것이다.

어떤 사건이 물리학적으로 발생할 가능성이 조금이라도 있다면, 막상 발생했을 때 그 결과를 놓고 유별난 주장을 펼칠 필요가 없다. 예를 들어 "우리 우주, 또는 다중우주의 바깥에 존재하면서 우주의 삼라만상을 관장하는 전지전능한 존재가 이런 기적을 만들었다"는 주장이 방금 말한 '유별난 주장'에 속한다. 굳이 이런 주장을 하고 싶다면 논쟁의 마지막 부분에서 해야지, 처음부터 들이밀면 더 이상 대화가 진행될 수 없다.

이 책의 서문에서 말한 바와 같이 '없음(無, nothingness)'의 의미를 '비존재nonbeing'로 정의해 놓고 "과학은 이와 관련된 질문을 제기할 만큼 발달하지 못했다"고 주장하는 것은 어불성설이다. 이 점에 관해서는 좀 더 자세히 짚고 넘어가야 할 것 같다. 아무것도 없는 텅 빈 공간에서 갑자기 전자-양전자 쌍이 생성되어, 근처에 있는 원자핵에 아주 짧은 시간 동안 영향을 주고 사라졌다고 해 보자. 이런 경우에 전자와 양전자는 나타나기 전부터 존재했다고 할 수 있을까? 아니다. 존재의 상식적인 정의에 의하면 이들은 존재하지 않았다. 물론 이들이 나타날 가능성은 있었지만, 그런 상태를 '존재'로 인정한다면 아직 잉태되지 않은 태아도 존재한다고 인정해야 한다. 내가 후손을 낳은 것은 내 몸속의 정자가 배란기를 맞이한 어떤 여인의 난자와 결합했기 때문이다. 이런 일이 일어나기 전에는 어떤 생명의 징후도 없었다. 그런데 어떻게 결합 전의 상태에 태아가 존재한다고 말할 수 있겠는가? 예를 들어 "사람이 죽으면(즉, 비존재가 되면) 어떤 기분일까?"라는 질문에 지금까지 내가 들어본 가장 그럴듯한 대답은 "당신이 태어나기 전에 어떤 기분이었는지 상상해보라"였다. 아무튼, '존재의 가능성'을 '존재'와 같은 것으로 간주한다면, 낙태가 법적으로 논쟁거리가 되는 것처럼 자위행위도 법의 도마 위에 올려야 한다.

나는 애리조나주립대학에서 오리진 프로젝트Origin Project를 진두지휘할 때 '생명의 기원Origin of Life'을 주제로 워크숍을 개최한 적이 있는데,

그 자리에서 나는 생명의 기원과 관련된 우주론을 주제로 토론을 벌였다. 물론 우리는 지구에 생명체가 탄생한 과정을 완전히 이해하지 못하고 있다. 그러나 우리는 생명의 탄생에 관여했던 일련의 화학반응을 알고 있으며, RNA를 포함한 생체분자들이 자연적으로 발생한 비결을 조금씩 밝혀가고 있다. 뿐만 아니라 자연선택에 기초한 다윈의 진화론은 태양열 에너지로 신진대사를 하면서 자기복제로 번식하는 단세포생물이 번성한 후에 복잡한 생명체가 등장하게 된 과정을 매우 정확하게 설명하고 있다.

다윈이 지구에 존재하는 다양한 생명체의 진화과정을 설명하면서 신의 개입을 배제한 것처럼(사실 완전히 배제한 것은 아니다. 그는 신이 최초의 생명체에게 입김을 불어넣었을 수도 있다는 일말의 가능성을 남겨놓았다), 현재 추정되는 우주의 과거와 미래에 의하면 신의 도움 없이 무에서 유가 창조될 가능성은 분명히 존재한다. 관측과 이론의 한계 때문에 그 이상의 장담은 할 수 없고 앞으로도 상황은 크게 달라지지 않겠지만, 가능성을 확인했다는 것만도 엄청난 발전이다. 우주는 특별한 목적 없이 태어났다가 수명을 다하면 사라진다. 게다가 우리는 그 중심에 있지도 않다. 그렇다고 해서 삶의 의미가 퇴색될까? 나는 그렇게 생각하지 않는다.

이제 우리의 우주가 갖고 있는 가장 놀라운 특성에 눈을 돌려보자. 지금까지 얻어진 관측결과에 의하면 우주는 거의 평평하다. 적어도 물질이 은하의 형태로 풍부하게 존재하는 스케일(뉴턴식 접근법이 맞아 들어가는 스케일)에서 볼 때, 평평한 우주에서는 팽창과 관련된 모든 물체의 평균 중력에너지의 값이 정확하게 0이다.

그러나 이것은 반증될 수 있는 가설이다. 우주는 다른 모습이 될 수도 있었다. 무(無)에서(또는 '거의' 무(無)에 가까운 상황에서) 우주가 자연적으로 탄생하기 위해 특별히 요구되는 것은 아무것도 없다.

자연에 중력이 개입되면 계의 총에너지를 임의로 정의할 수 없다. 그리고 이런 경우에 에너지는 양(+)으로 기여할 수도 있고 음(−)으로 기여할 수도 있다. 이것은 매우 중요한 포인트이다. 공간의 곡률을 임의로 정의할 수 없는 것처럼, 팽창하는 우주에 편승하여 함께 움직이는 물체의 총 중력에너지는 임의로 결정할 수 없다. 일반상대성이론에 의하면 이것은 공간 고유의 특성으로서, 그 안에 들어 있는 에너지에 의해 결정된다.

내가 이 점을 강조하는 이유는 일부 과학자들이 "팽창하는 평평한 우주에서 모든 은하의 뉴턴식(고전적) 중력에너지는 임의로 결정할 수 있다. 이 값은 0이 될 수도 있고 다른 값도 상관없다"고 하면서, 신의 존재에 반론을 제기할 때에는 0점을 '정의'하고 있기 때문이다. 킹스컬리지의 총장인 디네시 디수자Dinesh D'Souza도 신의 존재와 관련하여 크리스토퍼 히친스와 토론을 벌일 때 이와 비슷한 논리를 펼쳤다.

사실대로 말하자면, 이처럼 진실을 외면하는 논리도 찾아보기 어렵다. 우주의 곡률을 결정하는 것은 지난 50년 동안 수많은 과학자들에게 필생의 연구과제였다. 이들의 목적은 자신이 원하는 바를 우주에 투영하는 것이 아니라, 우주의 특성을 있는 그대로 규명하는 것이었다. 우주가 평평한 이유를 설명하는 이론이 처음 제시된 후에도, 나의

214

연구동료들은 1980~90년대에 걸쳐 다른 가능성을 철저하게 탐색했다. 과학계에 위대한 업적(또는 신문 1면의 헤드라인)을 남긴 사람들을 보면, 유행에 편승하지 않고 반기를 들었던 사례가 훨씬 많다.

그러나 관측데이터는 나의 동료들을 실망시켰다. 그들은 다른 결과가 나오기를 기대했지만, 역시 우주는 평평했다. 우리가 좋아하건 싫어하건 간에, 허블의 팽창을 따라 움직이는 은하들의 고전적 중력에너지는 0이었다.

지금부터 나는 우리의 우주가 무에서 탄생했다면, "기하학적으로 평평하고 고전적 중력에너지는 0이다"라는 결과가 우리의 예상과 일치한다는 것을 입증해 보이고자 한다. 여기에는 공개강연석상에서 한 번도 언급한 적 없는 다소 미묘한 논리가 포함되어 있는데, 그 내용을 소개할 기회가 이렇게 찾아와서 개인적으로 기쁘게 생각한다.

우선 첫째로, '무(無)'의 개념부터 명확하게 정의하고 넘어가는 게 좋을 것 같다. 내가 말하는 무(無)는 문자 그대로 '텅 빈 공간'을 의미한다. 앞으로 당분간 나는 아무것도 없이 텅 빈 공간이 정말로 존재하며, 그곳에도 물리학의 법칙이 적용된다고 가정할 것이다. 항간에는 모든 용어를 새롭게 정의하여 기존의 과학적 정의를 무용지물로 만들려는 사람들이 있는데, 이들이 정의한 무(無)는 개념 자체가 모호하여 우리에게 별 도움이 되지 않는다. 과거에 플라톤과 토마스 아퀴나스가 "우주는 왜 텅 비어 있지 않고 무언가가 존재하는가?"라는 의문을 떠올렸을 때에도, 그들이 생각했던 무(無)는 내가 말하는 무(無)와 비슷했을 것이다.

6장에서 말한 바와 같이, 앨런 구스는 이런 종류의 무(無)에서 무언가가 창조된 과정, 즉 '궁극적인 공짜'가 제공된 과정을 정확하게 설명했다. 빈 공간은 그 안에 물질이나 복사가 없어도 0이 아닌 에너지를 가질 수 있다. 또한, 일반상대성이론에 의하면 공간은 지수함수적으로 (즉, 엄청 빠르게) 팽창할 수 있으므로, 우주 초기에 아주 작았던 영역도 아주 짧은 시간 안에 현재 관측 가능한 우주를 다 포함하고도 남을 정도로 커질 수 있다.

우주가 급격하게 팽창하는 동안, 훗날 우리의 우주를 포함하게 될 작은 공간은 점차 평평해졌고, 빈 공간에 함유된 에너지는 우주가 팽창할수록 더욱 커졌다. 이런 현상은 신성한 존재나 기적 없이도 얼마든지 일어날 수 있다. 빈 공간의 에너지와 관련된 중력적 압력이 음수면 된다. 음의 압력, 즉 '음압(陰壓, negative pressure)'이 존재하면 우주가 팽창함에 따라 빈 공간의 에너지가 작아지지 않고 오히려 많아져서 에너지 밀도가 거의 같은 값으로 유지될 수 있다.

이런 조건하에서 인플레이션이 끝나면 빈 공간의 에너지는 실제 입자와 복사로 변환되어 추적 가능한 흔적을 남긴다. 여기서 '추적 가능성'을 강조하는 이유는 인플레이션이 일어나면 그 전의 상태를 말해주는 모든 정보들이 말끔하게 지워지기 때문이다. 초기우주의 복잡한 정도와 불균일한 정도는 (설령 초기우주가 무한히 컸다고 해도) 인플레이션을 통해 거의 균일하게 통일되었으며, 대부분의 영역은 현재 관측 가능한 우주의 범위를 벗어나 있다. 그러므로 인플레이션을 충분히 겪은 후 지금 우리 눈에 보이는 우주는 거의 균일할 수밖에 없다.

위에서 '거의 균일하다'고 표현한 이유는 6장에서 말한 대로 인플레이션이 일어나는 동안 동결되어 있던 에너지가 양자역학의 법칙에 따라 약간의 저밀도 에너지요동을 일으켰기 때문이다. 빈 공간에서 일어나는 이 저밀도 에너지요동 때문에 우주는 지금과 같은 구조를 갖게 되었다. 그러므로 우리 자신을 포함해서 우리 눈에 보이는 모든 것은 (근본적으로 무(無)와 다름없는) 인플레이션 기간 동안 일어났던 양자적 요동의 산물인 셈이다.

모든 소동이 가라앉은 후, 물질과 복사는 평평한 우주에 걸맞게 분포되었으며, 모든 물체의 고전적 평균 중력에너지는 0으로 세팅되었다. 인플레이션의 강도를 세밀하게 조정하지 않는 한, 이것은 자연스럽게 얻어지는 결과이다.

그러므로 관측가능한 우리의 우주는 텅 비어 있는 아주 작은 영역에서 시작되어 다량의 물질과 복사를 함유한 채 지금도 팽창하고 있으며, 무(無)에서 물질과 복사를 얻기 위해 어떤 대가도 지불하지 않았다!

지금까지 6장에서 설명한 인플레이션의 역학을 짤막하게 정리해보았는데, 여기서 한 가지 강조하고 싶은 것이 있다. 중력이 작용하는 빈 공간에 에너지가 존재한다는 것은 그와 관련된 물리법칙이 발견되지 않는 한 우리의 상식으로 이끌어낼 수 없는 결과이다. 그렇기 때문에 텅 빈 공간에서 무언가가 탄생할 수 있는 것이다.

그러나 시공간의 특성을 제대로 이해하지 못한 상태에서 지금까지 어느 누구도 "우주는 우리가 납득할 수 있는 방식으로 탄생하고 진화해 왔다"고 주장한 사람은 없다. 물질은 빈 공간에서 자발적으로 생겨나지 않는다는 것이 이치에 맞는 생각이므로, 이런 점에서 볼 때 '무언가something'는 '무nothing'에서 탄생할 수 없다. 그러나 여기에 중력과 양자역학을 도입하면 상식적인 생각은 발붙일 곳이 없어진다. 이것이 바로 과학의 아름다움이다. 과학은 우주를 설명하기 위해 우리에게 상식을 꾸준히 업그레이드할 것을 요구한다. 기존의 상식만으로 우주를 설명하려 한다면, 과학은 발전할 필요가 없을 것이다.

지금까지 언급된 내용을 요약하면 다음과 같다 — 우주가 평평하고 중력에너지가 국소적으로 0이라는 것은 우리의 우주가 인플레이션을 거쳐 탄생했음을 강하게 시사하고 있다. 빈 공간(無)의 에너지는 인플레이션을 거치면서 '무언가(有)의 에너지'로 변환되었으며, 우주는 관측 가능한 모든 영역에서 평평해졌다.

인플레이션은 빈 공간의 에너지로부터 현존하는 모든 것이 탄생한 과정과 우주가 평평한 이유를 설명해주고 있다. 그러나 인플레이션을 유도한 '빈 공간의 에너지'를 완전한 무(無)로 간주하는 것은 적절치 않다. 우리가 할 수 있는 최선은 "빈 공간은 에너지를 저장할 수 있다"는 가정하에 일반상대성이론 같은 물리법칙을 적용하여 타당한 결과를 이끌어내는 것이다. 우주를 향한 탐구여행을 여기서 멈춘다면, 누군가가 "현대과학은 무에서 유가 창조된 과정을 설명하려면 아직 멀었다"고 주장한다 해도 별로 할 말이 없다. 그러나 지금 우리는 첫발을 내디딘 것뿐이다. 앞으로 이해의 폭이 넓어지면 인플레이션은 빙산의 일각일지도 모른다.

10장 불안정한 무(無)

Fiat justitia – ruat caelum. (옳은 일을 행한 후, 하늘의
처분을 기다려라.)

— 고대 로마 속담

빈 공간에 에너지가 존재한다는 것은(이로 인해 우주론은 혁명적인 변
화를 겪었고, 인플레이션이론의 기초를 제공했다) 이미 실험을 통해 확고하
게 입증된 양자세계를 재확인해줄 뿐, 별로 새로운 사실이 아니다. 텅
빈 공간은 너무나 복잡한 세상이다. 이곳에서는 우리가 관측할 수 없을
정도로 짧은 시간 안에 수많은 가상입자들이 탄생과 소멸을 반복하고
있다.

가상입자는 양자계의 기본적 특성이 현실세계에 구현된 결과이다.
양자역학의 핵심을 이루는 법칙은 종종 정치가들이나 기업체의 CEO
들에게도 적용된다. 간단히 말해서, "보는 사람이 아무도 없으면 어떤
일도 일어날 수 있다!" 누군가에 의해 관측되고 있을 때에는 계가 도달

할 수 없는(금지된) 상태가 분명히 존재하지만, 관측이 불가능할 정도로 짧은 시간 동안 계는 금지된 상태에 놓일 수 있다. 이 '양자요동'이 뜻하는 바는 다음과 같다 — 양자세계에서는 아주 짧은 시간 사이에 무(無)에서 유(有)가 수시로 창조되고 있다.

그렇다면 양자세계에서는 에너지 보존법칙이 성립하지 않는다는 말인가? 고객의 돈을 횡령하는 주식브로커처럼, 공간에서 에너지를 훔쳐 입자를 만들고 있는 것인가? 그렇다. 하지만 자연은 똑똑한 브로커여서 흔적을 남기지 않는다. 주식브로커가 고객의 돈을 다른 곳에 썼다고 해도, 고객이 알아채기 전에 다시 채워 넣으면 아무런 문제가 없듯이, 텅 빈 공간에 가상입자가 나타났다가 사라지는 사건은 너무나 짧은 시간 안에 일어나기 때문에, 관측자는 그것을 확인할 수 없다.

그러므로 우리는 "양자적 요동에 의해 탄생한 '무언가'는 수명이 너무 짧아서 관측할 수 없다"고 안전하게 가정할 수 있다. 당신과 나, 그리고 눈에 보이는 모든 것들은 충분히 긴 시간 동안 존재하기 때문에 얼마든지 관측될 수 있지만, 가상입자는 관측의 시간적 한계를 넘어선 곳에 존재한다(좀 더 정확하게 말하자면 하이젠베르크의 불확정성원리 때문이다-옮긴이). 그러나 이 단명한 창조물 역시 관측행위와 관련된 주변환경의 영향을 받는다. 예를 들어 전하를 띤 물체에서 퍼져 나오는 전기장은 실제로 존재하는 물리적 객체이다. 우리는 곤두서는 머리카락이나 벽에 들러붙는 풍선 등을 통해 정전기력의 존재를 직접 느낄 수 있다. 그러나 고전전자기학의 양자역학버전인 양자전기역학Quantum Electrodynamics, QED에 의하면, 정적인 장static field은 장을 생성하는 데 관여한

하전입자들이 총에너지가 0인 가상광자$^{virtual\ photon}$를 방출했기 때문에 나타난 결과이다. 이 가상입자들은 에너지가 0이기 때문에 도중에 사라지지 않고 우주를 가로질러 전달될 수 있으며, 이들이 중첩되어 나타난 장은 실제로 존재하기 때문에 관측자는 그것을 직접 느낄 수 있다.

경우에 따라서는 무거운 입자들이 빈 공간에서 갑자기 나타날 수도 있다. 예를 들어 대전된 두 개의 금속판을 가까이 접근시켜 놓고 그 사이에 매우 강한 전기장을 걸어 주면 가상입자가 아닌 입자-반입자 쌍이 진공 중에서 갑자기 생성되어, 이들 중 음전하를 띤 입자는 양으로 내전된 판에 들러붙고, 양전하는 음으로 대전된 판에 들러붙는다. 그러면 두 금속판의 알짜전하가 줄어들면서(즉, 전기장이 약해지면서) 에너지가 감소하는데, 이 감소량은 입자-반입자 쌍의 정지질량에너지보다 크다. 물론 이런 현상이 일어나려면 두 금속판 사이의 전기장이 매우 커야 한다.

전기장이 아닌 강력한 중력장에 의해 이와 비슷한 현상이 일어날 수도 있다. 이 사실을 처음 발견한 사람은 스티븐 호킹$^{Stephen\ Hawking}$이었다. 그는 1974년에 블랙홀에서 물리적 입자가 방출된다는 놀라운 사실을 알아냈다(양자역학을 고려하지 않으면 블랙홀에서는 아무것도 빠져나올 수 없다).

이 현상을 설명하는 방법은 여러 가지가 있는데, 그중 하나는 위에서 설명한 전기장의 경우와 놀라울 정도로 비슷하다. 블랙홀의 중심에서 특정 거리만큼 떨어져 있는 지역을 '사건지평선$^{event\ horizon}$'이라 한다. 사건지평선 안쪽에서는 탈출속도가 빛보다 빠르기 때문에, 그 어떤 것도 외부로 탈출할 수 없다. 심지어는 빛조차도 사건지평선 밖으로 빠져나오지 못한다(이런 이유 때문에 '블랙홀'이라 불리는 것이다. 빛이 빠져나오지 못하면 검게 보이기 때문이다).

이제 사건지평선의 바로 바깥에 있는 한 지점에서 양자요동에 의해 입자-반입자 쌍이 생성되었다고 가정해 보자. 이들 중 하나가 사건지평선을 넘어 블랙홀의 내부로 떨어지면 중력에너지를 잃게 될 텐데, 그 양이 입자의 정지질량에너지의 두 배가 넘을 수도 있다. 그러면 나머지 입자는 블랙홀로부터 무한히 멀어져서 누군가에게 관측된다. 이것은 에너지 보존법칙의 관점에서 볼 때 얼마든지 가능한 이야기다. 이 경우에 외부로 멀어져 간 입자의 총에너지는 블랙홀의 내부로 추락한 파트너입자가 잃은 에너지를 충당하고도 남는다. 그러므로 이 과정을 밖에서 바라보면 블랙홀에서 입자가 방출되는 상황과 완전히 동일하다.

이 현상이 우리의 흥미를 끄는 이유는 입자가 블랙홀의 내부로 빨려 들어가면서 잃어버린 에너지가 자신의 정지질량에너지보다 크기 때문이다. 이렇게 되면 블랙홀과 입자를 하나의 물리계로 간주했을 때, 계의 총에너지는 입자가 블랙홀로 빨려 들어가기 전의 총에너지보다 작아진다! 즉, 입자가 블랙홀의 중심을 향해 떨어지면 블랙홀은 외부로 탈출한 입자의 에너지만큼 가벼워진다. 다시 말해서, 블랙홀은 서서히 복사에너지를 방출하면서 질량을 잃어버린다. 그러나 과학자들은 블랙홀 복사의 마지막 단계에 이르렀을 때 어떤 일이 벌어질지 아직 모르고 있다. 이 부분을 규명하려면 아주 작은 스케일에 일반상대성이론을 적용해야 하는데, 작은 스케일에서는 양자역학적 효과가 크게 나타나기 때문에 결국 일반상대성이론과 양자역학을 조화롭게 엮어야 한다. 즉, 아인슈타인의 중력이론을 양자역학버전으로 수정한 양자중력이론이 적용되어야 하는 것이다. 그러나 앞에서 말한 바와 같이 이 이론은 아직 완성되지 않은 상태이다.

그럼에도 불구하고 이 모든 현상은 다음과 같은 사실을 말해주고 있다. "적절한 조건이 갖춰지면 무(無)는 유(有)로 변환될 수 있을 뿐만 아니라, 반드시 그렇게 되어야만 한다."

"우리는 왜 물질이 존재하는 우주에서 살게 되었을까?" 물론 당신은 매일 아침 일어날 때마다 이런 의문을 떠올리지는 않을 것이다. 그러나 우리의 우주에 물질이 존재한다는 것은 정말로 놀라운 일이다. 게다가 더욱 놀라운 것은 우리의 우주에 반물질이 거의 존재하지 않는다는 사실이다. 반물질은 양자역학과 상대성이론에 의해 그 존재가 입증되었으며, 우리가 알고 있는 모든 입자들은 자신과 질량이 같고 전하의 부호가 반대인 반입자를 갖고 있다. 그래서 상식에 부합되는 모든 우주는 발생 초기에 입자와 반입자가 같은 양만큼 존재할 것 같다. 입자와 반입자는 질량을 비롯한 대부분의 물리적 특성이 똑같기 때문에, 우주 초기에 입자가 생성되었다면 반입자도 같이 생성되었을 것이다.

별과 은하 등 우주의 모든 구성요소들이 입자가 아닌 반입자로 이루어져 있다면 어떻게 될까? 이론적으로는 불가능할 이유가 없다. 만일 우리가 이런 '반우주'에 살고 있다 해도, 우리의 눈에는 거의 똑같이 보일 것이다. 반우주에 살고 있는 반인간(반입자로 이루어진 인간)들은 자신의 눈에 보이는 반물질을 '물질'이라 부르며 편안하게 살아갈 것이다. 무엇을 물질이라 부르고 무엇을 반물질이라 부를 것인지는 순전히 편의에 따른 선택일 뿐이다.

우리의 우주가 동일한 양의 물질과 반물질에서 출발하여 그 상태를 계속 유지해왔다면 지금의 우주는 어떤 모습일까? 만일 그랬다면 우리는 "왜?"나 "어떻게?"라는 질문을 떠올리지 못했을 것이다. 아니, 이런 의문을 떠올릴 생명체조차 존재할 수 없다. 우주 초기에 물질과 반물질이 서로 만나 말끔하게 소멸되고, 우주에는 순수한 복사만 남았을 것이기 때문이다. 이런 우주에서는 별이나 은하가 생성될 수 없고, 밤하늘의 별을 바라보며 사랑을 속삭이는 '연인'이나 '반연인'도 존재하지 않았을 것이다. 광활한 공간에 아무것도 없으니 이야깃거리가 있을 리 없다. 우주의 역사에는 공허함과 서서히 식어 가는 복사 외에 아무것도 등장하지 않을 것이며, "춥고 어둡고 황량한 우주로 막을 내린다"는 것 외에는 달리 할 이야기도 없다. 이런 우주에서는 무(無)가 제왕으로 군림할 것이다.

그러나 1970년대에 과학자들은 초고온, 초고밀도의 빅뱅에서 물질과 반물질의 양이 같을 수도 있으며, 우주 초기에 물질이 반물질보다 아주 조금만 많아도 '무에서 유를 창조하는' 양자적 과정에 의해 지금과 같은 우주가 만들어질 수 있음을 깨달았다. 물질과 반물질의 양이 똑같았다면 이들이 완전히 소멸하여 지금의 우주는 복사 외에 아무것도 남지 않았겠지만, 우주 초기에 반물질이 물질과 결합하여 모두 사라진 후에도 물질의 초과분이 아주 조금 남아서(이들은 함께 사라질 반물질을 찾지 못했다) 지금 우리의 눈에 보이는 별과 은하로 진화했다는 것이다.

결국, 창조의 순간에 존재했던 약간의 비대칭(물질과 반물질 양의 미세한 차이)에 의해 우주의 미래가 결정된 셈이다. 물질과 반물질 사이에 이런 비대칭이 나타났던 바로 그 순간부터 우주의 미래는 이미 결정된 것이나 다름없다. 우주 초기에 입자와 반입자가 만나서 대부분은 소멸되고, 그 와중에 살아남은 여분의 물질입자들이 지금 눈에 보이는 모든 천체와 생명체를 구성하고 있다.

반물질에 대한 물질의 초과비율이 10억 분의 1만 돼도, 지금과 같은 우주는 충분히 만들어질 수 있다. 사실, 이 '10억 분의 1'이라는 숫자는 괜히 나온 것이 아니다. 지금 우주에는 마이크로파 우주배경복사를 이루는 광자 10억 개당 하나의 중성자가 존재하고 있기 때문이다. 우주배경복사의 광자는 우주가 탄생했을 때 물질-반물질이 소멸되면서 남겨진 잔해이다.

그러나 비대칭이 발생한 미시적 스케일의 물리적 특성을 아직 이해하지 못했기 때문에, 우주 초기에 물질과 반물질 사이의 비대칭이 어떤 과정을 거쳐 발생했는지는 아직 미지로 남아 있다. 이 문제를 해결하기 위해 다양한 가설이 제시되어 있는데, 자세한 내용은 이론마다 각기 다르지만 한 가지 공통된 특성을 갖고 있다. 원시우주의 뜨거운 열탕 속에서 소립자와 관련된 양자적 과정에 의해 텅 빈 우주(또는 물질과 반물질의 양이 동일한 우주)는 소량의 물질(또는 반물질)만 남은 우주로 가차 없이 내몰렸다는 것이다.

이것이 물질과 반물질 중 어느 쪽이 이겨도 상관없는 게임이었다면, 우리의 우주가 물질로 이루어진 것은 주변환경에 따른 우연의 산물인가? 예를 들어 당신이 산 정상에 오른 후 하산길에 접어들었다고 가정해 보자. 이때 당신이 가는 방향은 미리 정해져 있는 것이 아니라, 당신이 가고자 하는 목적지나 발을 디딜 수 있는 지형에 따라 '우연히' 결정된다. 우리의 우주도 이와 같은 과정을 거쳤을 수도 있다. 물리학의 법칙이 변하지 않는다 해도, 물질-반물질 사이의 비대칭이 향하는 방향은 어떤 초기조건에 의해 무작위로 결정된다(중력법칙은 이미 결정되어 있으므로 당신이 산을 내려올 때 어떤 곳을 디디면 추락할지도 이미 결정되어 있다. 그러나 당신이 향하는 방향은 여전히 무작위로 결정된다). 따라서 우리의 존재도 결국은 환경적 우연에 의해 결정된 셈이다.

그러나 이런 불확정성과 무관하게, 아무런 특징도 없이 심심한 곳이 될 뻔했던 우리의 우주가 양자적 과정을 통해 지금과 같이 다양한 특성을 갖게 되었다는 것은 정말로 놀라운 일이 아닐 수 없다. 더욱 놀라운 것은 물리학의 법칙이 이 모든 것을 허용했다는 점이다. 이 가능성을 최초로 연구했던 물리학자 프랭크 윌첵은 1980년에 물질-반물질 비대칭에 관한 기사를 《사이언티픽 아메리칸Scientific American》에 실은 적이 있는데, 이 글에서 그는 입자물리학에 입각하여 우주 초기에 물질과 반물질의 비대칭이 초래된 과정을 서술한 후 "이 논리는 우주가 텅비어 있지 않고 무언가가 존재하게 된 이유를 설명하는 한 가지 방법이 될 수 있다. 무(無)라는 것은 태생적으로 불안정하다"고 결론지었다.

윌첵이 말하고자 했던 핵심은 다음과 같다 ─ 우주에 반물질보다 물질이 많은 것은 언뜻 보기에 불안정한 빈 공간에서 우주가 탄생했다는 주장(무(無)로부터 빅뱅이 일어났다는 주장)을 반박하는 것처럼 보인다. 그러나 빅뱅 이후에 이와 같은 비대칭이 극적으로 나타났다면 모든 문제가 해결된다. 여기서 잠시 그의 말을 들어 보자.

우리의 우주가 가장 대칭적인 상태에서 시작되었다고 생각할 수 있다. 이런 상태에서는 물질이 존재하지 않으며, 우주 전체는 진공이었다. 그 후에 나타난 두 번째 상태에서는 물질이 존재할 수 있다. 이것은 대칭성이 아주 조금 붕괴되어 있으면서 에너지가 더 낮은 상태이다. 우주가 두 번째 상태로 접어들면 물질-반물질의 대칭성이 우주 전역에 걸쳐 빠르게 붕괴되고, 이 과정에서 방출된 에너지는 창조의 순간에 입자로 변형되었다. 우리는 이 사건을 '빅뱅'이라 부른다…… 그러므로 "우주는 왜 텅 비어 있지 않고 무언가가 존재하게 되었는가?"라는 오래된 질문의 답은 다음과 같다. "무(無)는 그 자체로 불안정하기 때문이다."

이야기를 더 진행하기 전에, 지금까지 논했던 물질-반물질의 비대칭과 애리조나주립대학에서 추진했던 오리진 프로젝트 사이의 유사점을 짚고 넘어가는 것이 좋을 것 같다. 앞에서 말한 대로, 오리진 프로젝트는 우주의 기원과 생명체의 특성을 규명한다는 취지로 나의 책임하에 발족된 프로젝트였다. 나는 두 분야에서 서로 다른 언어로 의사를 표현했지만, 사실 이들 사이에는 놀라운 유사성이 존재한다. 지구에서 자기복제가 가능한 생체분자와 물질대사는 어떤 물리적 과정을 통해 탄생하게 되었는가? 1970년대의 물리학이 그랬던 것처럼, 분자생물학은 지난 10년 사이에 장족의 발전을 이루었다. 생물학자들은 천연유기물 사이에 일어나는 일련의 접촉반응을 알아냈으며, 적절한 환경이 조성되면 이로부터 리보핵산(RNA)이 만들어진다는 사실도 알아냈다. 리보핵산은 DNA의 전신으로 알려져 있는데, 얼마 전까지만 해도 둘 사이의 연결고리가 밝혀지지 않아서 무언가가 중간과정에 핵심적인 역할을 했을 것으로 추측되었다.

최근 들어 일부 생화학자와 분자생물학자들은 무생물에서 생물이 자연적으로 발생했다는 기존의 학설을 의심하기 시작했다. 그러나 중간과정이 어떻건 간에, 여기에는 한 가지 공통된 의문이 자리 잡고 있다. "지구에서 탄생한 최초의 생명체는 그런 식으로 탄생할 수밖에 없는 운명이었는가? 아니면 다른 가능성도 있었는가?"

아인슈타인도 자연을 대상으로 이와 비슷한 의문을 제기한 적이 있다. "조물주는 우주를 왜 지금과 같은 모습으로 창조했는가? 그에게 다른 선택의 여지는 없었는가?" — 나는 이것이 우주와 관련하여 우리가 떠올릴 수 있는 가장 근본적이고 심오한 질문이라고 생각한다.

아인슈타인이 떠올렸던 신은 성경에 등장하는 신이 아니었다. 우주의 질서에 깊은 경외감을 갖고 있었던 그는 질서를 부여한 주체와 정신적인 교감을 느꼈고, 스피노자Baruch Spinoza의 영향을 받아 그 주체를 '신'이라고 불렀을 뿐이다. 아무튼, 아인슈타인이 떠올렸던 의문을 좀 더 구체적으로 표현하면 다음과 같다. "자연의 법칙은 유일한가? 그 법칙에서 탄생한 우리의 우주는 유일한 우주인가? 하나의 상수, 또는 하나의 힘을 조금 바꾸면 우주 전체가 붕괴될 것인가?" 이 질문을 생물학 버전으로 바꾸면 다음과 같을 것이다. "생명을 관장하는 생물학은 유일한가? 우리는 우주에서 유일한 존재인가?" 그 해답은 이 책의 끝 부분에서 생각해보기로 한다.

이런 논의를 계속 진행하려면 무nothing와 유something의 개념을 좀 더 일반화시켜서 다시 정의해야 하겠지만, 나는 유가 창조될 수밖에 없음을 보여주는 중간단계 논리에 초점을 맞추고자 한다.

앞에서 정의한 대로, 지금 우리에게 관측되는 유(有)를 탄생시킨 무(無)는 '텅 빈 공간'이었다. 그러나 여기에 양자역학과 일반상대성이론을 동시에 적용하면 공간이 탄생하게 된 시점까지 논리를 확장할 수 있다.

일반상대성이론은 뉴턴의 고전 중력이론을 대신하는 최신 버전의 중력이론이자, 시간과 공간의 특성을 서술하는 이론이다. 이 책의 서두에서 말한 바와 같이 일반상대성이론은 공간을 이동하는 물체의 역학뿐만 아니라, 공간 자체의 변화과정을 설명해주는 최초의 이론이었다.

그러므로 양자역학의 틀에서 중력을 서술하는 양자중력이론이 완성된다면 양자역학을 공간 자체에 적용할 수 있게 된다. 기존의 양자역학은 공간 속에 존재하는 물체의 특성을 서술하는 데 그쳤었다.

양자역학의 적용범위를 시간과 공간으로 확장하는 것은 결코 만만한 일이 아니다. 그러나 반입자의 기원을 명쾌하게 설명한 리처드 파인만의 이론을 채용한다면 희망을 가져볼 만하다. 파인만의 이론은 다음의 사실에 기초하고 있다 ─ "시간의 흐름에 따라 변하는 양자계는 모든 가능한 경로를 동시에 거쳐 간다. 여기에는 고전적으로 금지된 경로까지 모두 포함된다."

이것을 수학적으로 구현하기 위해 파인만은 '경로합sum over paths formalism'이라는 계산법을 개발했다. 이 방법을 적용하려면 입자가 한 곳에서 다른 곳으로 이동할 때 거쳐 갈 수 있는 '모든 가능한 경로들'을 고려해야 한다. 양자역학의 원리에 입각하여 각 경로의 특정 확률을 계산한 후 모든 값을 더하면 입자가 한 곳에서 다른 곳으로 이동할 최종확률이 얻어진다.

스티븐 호킹은 이 계산법을 시공간에 적용한 최초의 과학자였다(아인슈타인의 특수상대성이론에 의하면 3차원 공간과 1차원 시간은 '4차원 시공간'이라는 하나의 좌표계로 통일된다). 파인만이 개발한 경로합의 장점은 '모든 가능한 경로'에 초점이 맞춰져 있어서 계산결과가 각 경로 속의 특정 지점이나 시간과 무관하다는 것이다. 상대성이론에 의하면 서로 상대운동을 하고 있는 관찰자들은 거리와 시간을 각기 다르게 느끼기 때문에 시간과 공간의 각 지점에 다른 값이 할당된다. 그러나 파인만의 경로합은 이런 것과 무관하므로 매우 유용한 방법이라 할 수 있다.

일반상대성이론에서는 시간과 공간의 기준점을 임의로 잡을 수 있기 때문에 중력장 안에서 서로 다른 지점을 점유하고 있는 관측자들은 시간과 거리를 각기 다르게 느끼지만, 계의 거동을 결정하는 것은 곡률과 같은 기하학적 양이므로 모든 관측자들은 동일한 결과를 얻게 된다.

앞에서 여러 번 강조한 바와 같이 일반상대성이론은 (적어도 지금까지는) 양자역학과 조화롭게 섞이지 못하기 때문에, 아직도 물리학자들은 파인만의 경로합을 일반상대성이론에 적용하지 못하고 있다. 그러므로 지금 우리가 할 수 있는 최선은 가능성에 입각하여 몇 가지 추측을 내린 후 타당성을 확인하는 것이다.

시공간의 양자적 특성을 예측하려면 일단 파인만의 경로합부터 고려해야 한다. 즉, 임의의 물리적 과정에서 시공간이 거쳐 갈 수 있는 모든 가능한 중간배열상태를 고려해야 하는데, 이 모든 상태들은 곡률이 각기 다르고 거리와 시간도 제각각이며, 양자적 불확정성의 지배를 받는다. 다시 말해서, 지극히 짧은 거리와 짧은 시간에서 곡률이 엄청나게 큰 공간을 고려해야 한다는 뜻이다(시간 간격이 충분히 짧아서 기이한 양자적 현상이 자유롭게 일어날 수 있다). 양자세계와 거리가 먼 우리들은 커다란 관측장비로 큰 스케일의 시간과 공간을 주로 관측하고 있기 때문에, 위에서 말한 '양자적 배열'을 접할 기회가 없다.

여기서 한층 더 희한한 가능성을 고려해 보자. 고전전자기학의 양자역학버전인 양자전기역학, 즉 QED에 의하면 입자는 빈 공간에서 갑자기 나타날 수 있다. 이들이 불확정성원리가 허용하는 시간 안에 사라지면 물리학적으로 아무런 문제가 없다. 이와 비슷하게 시공간의 모든 가능한 배열에 대하여 양자적 합을 계산할 때, 아주 작은 공간이 나타났다가 사라지는 가능성까지 고려해야 하는가? 이 질문을 좀 더 일반화시키면 다음과 같다. "공간에 구멍이 생기거나 시공간의 두 지점을 연결하는 '손잡이'가 생기는 경우를 어떻게 다뤄야 하는가?"

아직은 아무도 알 수 없다. 그러나 이런 배열을 제외시킬 만한 타당한 이유가 없는 한, 그 가능성을 고려해야 한다(적어도 내가 알기로는 제외시킬 이유가 없다. 자연의 모든 곳에서 한결같이 성립하는 일반적인 법칙에는 그런 금지조항이 없다. 물리법칙이 허용하는 사건은 언제 어디선가 반드시 일어나기 마련이다).

스티븐 호킹이 강조한 바와 같이, 양자중력이론이 완성되면 아무것도 존재하지 않았던 상태에서 공간이 창조된 과정을 설명할 수 있을지도 모른다. 그동안 호킹은 '무(無)에서 창조된 유(有)'를 설명하려는 어떤 시도도 하지 않았지만, 사실 이것은 양자중력이론에서 궁극적으로 제기되어야 할 질문이다.

가상우주virtual universe(관측할 수 없을 정도로 짧은 시간 사이에 갑자기 나타났다가 사라지는 초소형 우주)도 흥미로운 연구주제임은 분명하지만, 빈 공간에서 나타난 가상입자가 그렇듯이 가상우주도 무(無)에서 유(有)가 창조된 과정을 설명하지 못한다.

그러나 하전입자로부터 아주 멀리 떨어진 곳에서도 관측되는 전기장은 실존하는 물리량으로서, 입자로부터 에너지가 0인 가상광자가 끊임없이 방출되면서 나타난 결과이다. 에너지가 없는 가상광자는 아무리 많이 방출되어도 에너지 보존법칙에 위배되지 않으며, 따라서 하이젠베르크의 불확정성원리도 가상광자가 짧은 시간 안에 하전입자에게 흡수되어 무(無)로 사라질 것을 요구하지 않는다. (하이젠베르크의 불확정성원리에 의하면 입자의 에너지를 관측할 때 나타나는 불확정성(입자가 가상입자를 방출하거나 흡수할 때 나타나는 에너지의 변화)은 관측에 소요되는 시간에 반비례한다. 그러므로 에너지가 0인 가상입자는 불확정성원리의

232

영향을 받지 않은 채 무한정 긴 시간 동안 존재할 수 있으며, 다시 흡수되기 전까지 무한정 먼 거리를 돌아다닐 수 있다. 그래서 전자기력은 무한히 먼 곳까지 힘을 발휘할 수 있는 것이다. 만일 광자가 질량을 갖고 있다면 정지질량에 의해 0이 아닌 에너지를 가졌을 것이므로 불확정성원리에 의해 먼 곳까지 전달되지 못했을 것이다. 즉, 광자에 질량이 있다면 전자기력은 지금처럼 먼 곳까지 전달되지 않고 단거리 상호작용으로 남게 된다.)

이와 비슷하게 어느 순간 자발적으로 나타나는 특별한 우주를 생각해 보자. 이 가상우주의 총에너지가 0이라면, 불확정성원리나 에너지보존법칙의 영향을 받지 않고 긴 시간 동안 존재할 수 있다.

나는 이것이 우리가 사는 우주라고 생각한다. 이보다 더 좋은 대안을 떠올리기 어려울 정도로 모든 것이 잘 들어맞기 때문이다. 물론 손쉬운 해결책일 수도 있지만, 지금 나는 무에서 유가 창조된 과정을 쉬운 논리로 설명하려는 것이 아니라, 우주에 대해 지금 우리가 알고 있는 지식에 기초하여 가장 그럴듯한 가능성을 제시하려는 것이다.

앞에서 나는 우리의 평평한 우주에서 모든 물체의 뉴턴식(고전적) 평균 중력에너지가 0이라고 말한 바 있다(나의 논리가 독자들에게 수용되었기를 바란다). 내가 보기엔 분명한 사실이지만, 이것이 전부가 아니다. 중력에너지는 물체가 갖고 있는 에너지의 전부가 아니기 때문이다. 모든 물체는 정지해 있을 때의 질량과 관련된 정지질량에너지를 갖고 있다. 앞에서도 여러 번 말했지만, 다른 모든 물체들과 무한히 멀리 떨어져 있으면서 정지상태에 있는 물체의 중력에너지는 0이다. 정지해 있는 물체의 운동에너지는 0이고 다른 물체들과 무한히 멀리 떨어져 있으면 위치에너지의 원천인 중력도 0이다. 그러나 아인슈타인의 특수상대성이론에 의하면 물체는 중력에너지 외에 정지질량에 의한 에너지를 갖고 있다. 이 관계를 말해주는 것이 그 유명한 $E=mc^2$이다.

정지질량에너지를 고려하려면 뉴턴의 중력에서 새로운 중력이론인 일반상대성이론으로 옮겨가야 한다(특수상대성이론과 $E=mc^2$은 일반상대성이론에 이미 포함되어 있다). 그런데 이 영역으로 가면 모든 것이 훨씬 미묘하면서 혼란스러워진다. 우주의 곡률에 비해 훨씬 작은 스케일에서 모든 물체들이 빛의 속도보다 훨씬 느리게 움직인다고 가정하면, 일반상대성이론의 에너지는 뉴턴이 정의했던 에너지와 같아진다. 그러나 위의 가정에서 벗어나면 모든 것이 예상을 벗어나기 시작한다.

문제의 원인 중 하나는 물리학의 다른 분야에서 말하는 에너지가 우주의 곡률과 비슷한(큰) 스케일에서 정확하게 정의되지 않는다는 것이다. 방대한 스케일에서는 관측자가 설정한 좌표계(이것을 '기준계frame of reference'라 한다)에 따라 계의 총에너지가 달라진다. 이런 효과가 나타나지 않게 하려면 에너지의 개념을 일반화시켜서 무한공간에 퍼져 있는 에너지를 더하는 방법을 개발해야 한다. 그래야 우주의 총에너지를 정의할 수 있다.

지금까지 이 문제와 관련하여 다양한 의견이 제시되었는데, 온갖 주장과 반론이 팽팽하게 맞서는 등 아직은 의견이 통일되지 않은 상태이다.

그러나 총에너지가 정확하게 0인 하나의 우주가 어딘가에 존재한다는 사실만은 분명하다. 물론 이것이 평평한 우주는 아닐 것이다. 평평한 우주는 공간적으로 무한하기 때문에 총에너지를 계산하기가 쉽지 않다. 총에너지가 0인 우주는 아마도 닫힌 우주일 것이다. 앞서 말한 대로 닫힌 우주란 공간이 스스로 휘어져서 맞물릴 정도로 물질과 에너지의 밀도가 충분히 큰 우주이다. 이런 우주에서 시야에 방해를 받지 않고 먼 곳을 바라보면 자신의 뒷모습을 볼 수 있다!

닫힌 우주의 총에너지가 0인 이유를 이해하기 위해, 전기전하를 예로 들어보자. 닫힌 우주에 존재하는 모든 전하의 합은 0이다. 왜 그럴까?

마이클 패러데이Michael Faraday 이후로 물리학자들은 전기전하를 '전기장의 원천'으로 간주해 왔다(현대 양자역학에서는 전기장을 가상광자의 방출로 이해하고 있다). 전기장은 장선(場線, field line, 전기력선이라고도 한다)을 이용하여 그림으로 표현할 수 있는데, 모든 장선은 하전입자에서 나오거나 들어가야 하고, 한 영역에서 장선의 개수는 입자의 전하량에 비례한다. 그리고 아래 그림과 같이 양전하의 장선은 바깥으로 향하고, 음전하의 장선은 전하를 향해 들어온다.

아래에 그려진 장선은 무한히 먼 곳까지 퍼져 나간다(또는 무한히 먼 곳에서 들어온다). 하전입자에서 멀어질수록 장선 사이의 간격이 넓어지는 것은 "거리가 멀수록 전기력이 약해진다"는 뜻으로 해석하면 된

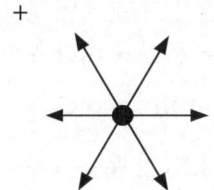

다. 그러나 닫힌 우주에서 양전하의 장선은 처음에 넓게 퍼져 나가다가 결국에는 한 곳에 다시 모인다. 지구의 경도선이 북극과 남극에서 하나로 합쳐지는 것처럼, 닫힌 우주에서 양전하에 의해 만들어진 장선은 우주 먼 곳에서 하나로 합쳐진다. 그런데 장선이 한 곳에 집중되면 그곳의 전기장이 점점 강해져서 에너지가 축적되고, 이 값이 충분히 크면 그곳에 음전하가 생성되어 장선을 '먹어치운다'. 즉, 이곳에 양전하가 있으면 우주 반대편에 그에 대응되는 음전하가 존재한다는 뜻이다.

닫힌 우주에서는 에너지의 선속(線束, flux, 장선에 수직한 단면을 통과하는 장선의 총수)이 위에서 말한 장의 선속과 비슷한 역할을 한다. 즉, 닫힌 우주에서 물체의 정지질량을 포함한 양(+)의 총에너지는 중력에 의한 음(−)에너지와 상쇄되어 총에너지는 정확하게 0이다.

그러므로 '총에너지가 0이면서 파인만의 양자적 경로합이 적용되는' 닫힌 우주는 물리학법칙을 위배하지 않으면서 자발적으로 생성될 수 있다. 이런 우주는 완벽한 시공간을 갖추고 있으면서 우리의 우주와 완전히 분리되어 있다.

그러나 이 논리에는 한 가지 문제가 있다. 일반적으로 닫힌 우주가 물질을 머금은 채 팽창하면 최대크기에 도달한 후 빠르게 수축하여 시공간의 특이점singularity을 형성하는데, 지금 우리가 갖고 있는 지식으로는 궁극적인 끝을 예측할 수 없다. 닫힌 우주의 수명은 아마도 '플랑크 시간Planck time'에 견줄 정도로 짧을 것이다. 플랑크 시간은 양자적 과정이 일어나는 극히 짧은 시간스케일로서, 약 10^{-44}초이다.

이 문제를 피해가는 방법이 하나 있다. 닫힌 우주가 수축하여 붕괴되기 전에 그 안에 존재하는 장(場)이 인플레이션을 겪는다면, 초기에 아무리 작았다고 해도 급속히 팽창하면서 무한히 크고 평평한 우주에 가까워질 것이다. 이런 인플레이션이 계속되면 우주는 거의 평평해질 것이고, 우리의 우주보다 수명이 훨씬 길어질 수도 있다.

그 외에 또 다른 가능성이 있는데, 나는 이것을 생각할 때마다 추억 속에 잠기곤 한다. 과거에 이 문제와 관련하여 중요한 교훈을 얻은 경험이 있기 때문이다. 나는 박사학위를 받은 직후 하버드대학에서 첫 번째 포스트닥을 거쳤는데, 나의 주된 관심사였던 중력장의 양자화, 즉 양자중력이론을 연구하던 중 나의 친구였던 이언 애플렉Ian Affleck의 연구결과를 접하게 되었다. 캐나다 출신의 애플렉은 내가 MIT에 있을 때 하버드 대학원생이었고, 나보다 몇 년 일찍 교수가 되어 양자장이론에서 사용되는 파인만의 계산법을 집중적으로 연구했다. 그의 관심은 강한 자기장 속에서 입자와 반입자가 생성되는 과정을 수학적으로 계산하는 것이었다.

나는 애플렉이 제시한 해가 인스탠톤instanton(순간자. 양자역학 방정식의 고전적 해로 서술되는 입자−옮긴이)임을 알고 있었다. 그의 계산을 중력에 적용하면 인스탠톤은 팽창하는 우주와 매우 비슷해진다. 그런데 그것은 무(無)에서 시작하여 팽창하는 우주였다! 그 내용을 설명하기 전에, 수학적 해를 물리적으로 해석하면서 내가 느꼈던 바를 짤막하게 소개하고자 한다. 나의 친구인 알렉스 빌렌킨(앞에서 소개한 바 있다)이 "양자중력이론은 무(無)로부터 팽창하는 우주를 낳을 수 있다"는 내용의 논문을 발표했을 때, 나는 마음 한편으로 부러움을 느끼면서도 그런

감정에 마냥 빠져 있을 수가 없었다. 왜냐하면 (a)솔직히 말해서, 당시 나는 내가 진행하던 연구의 자세한 사항도 제대로 이해하지 못했고, (b)빌렌킨은 나와 비교가 안 될 정도로 대담한 성격의 소유자였기 때문이다. 그 후로 나는 논문을 발표할 때 저자가 모든 내용을 완전하게 이해할 필요가 없다는 것을 절실하게 깨달았다. 사실 그동안 내가 발표한 중요 논문 중에서 모든 내용을 완전히 이해하고 쓴 것은 단 몇 편에 불과하다.

어쨌거나, 스티븐 호킹과 그의 동료 짐 하틀Jim Hartle은 무(無)에서 시작된 우주의 경계조건을 결정하면서 다음과 같이 새로운 관점을 제시했다.

1. 양자 중력의 세계에서 우주는 무(無)로부터 탄생할 수 있다. 이런 우주에는 음(−)의 중력에너지를 포함한 총에너지가 0인 한, 물질과 복사가 존재할 수 있다.
2. 무(無)에서 탄생한 닫힌 우주가 오랫동안(무한소의 시간보다 길게) 유지되려면 인플레이션과 비슷한 과정이 일어나야 한다. 그 결과로 나타난 우주는 우리가 살고 있는 우주처럼 기하학적으로 평평하다.

여기서 얻을 수 있는 교훈은 다음과 같다 ─ 양자 중력은 무(無)(시공간조차 존재하지 않는 완벽한 무(無))에서 창조된 우주를 허용할 뿐만 아니라, 그런 우주를 필연적으로 요구하고 있다는 것이다. 시간도, 공간도 없고 그야말로 '아무것도 없는 무(無)'는 태생적으로 불안정하다!

238

무(無)에서 탄생한 우주의 일반적인 특성을 고려할 때, 이런 우주가 오래 유지된다면 그 모습은 지금 우리가 살고 있는 우주와 비슷할 것이다.

이것으로 우리의 우주가 무(無)에서 탄생했다고 단정 지을 수 있을까? 물론 아니다. 그러나 우리의 시나리오에 훨씬 가깝게 다가간 것만은 분명하다. 게다가 9장에서 언급했던 문제점 중 하나도 제거되었다.

9장에서 말한 무(無)는 텅 비어 있긴 하지만, 공간과 물리법칙은 존재하는 무(無)였다. 그러나 이제는 공간조차 없는 무(無)를 생각할 수 있게 되었으니, 진정한 무(無)에 한 걸음 더 다가간 셈이다.

다음 장으로 가면 알게 되겠지만, 우주는 공간뿐만 아니라 물리법칙조차 없이도 탄생할 수 있다.

11장 화려한 신세계

그것은 최고의 시간이자 최악의 시간이었다.
— 찰스 디킨스(Charles Dickens)

창조와 관련하여 가장 문제가 되는 부분은 "계(우주)가 존재하려면 무언가가 계의 바깥에 존재하여 창조에 걸맞은 조건을 만들어놓아야 한다"는 점이다. 책상을 만들려면 책상의 바깥에 목수가 있어야 하고, 생명체가 탄생하려면 그 생명체의 바깥에 부모가 있어야 한다. 피조물이 우주인 경우에는 흔히 '신'을 도입하여 이 문제를 해결해왔다. 창조주인 신은 우주가 탄생하기 전부터 시간과 공간, 그리고 물리법칙으로부터 완전히 분리된 우주의 '바깥'에 존재하고 있어야 한다. 그러나 내가 보기에 이런 식으로 도입된 신은 '창조'라는 심오한 질문에 주어질 수 있는 가장 편리하고 손쉬운 해답에 불과하다. 이 점을 분명하게 보여주는 또 다른 사례로 '도덕의 기원'을 들 수 있는데, 나에게 이 이야기를 처음 들려준 사람은 나의 가까운 친구인 스티븐 핑커Steven Pinker였다.

도덕은 영원하고 절대적인가? 아니면 인간의 생물학적 특성과 환경에 의해 만들어진 것인가? 후자의 경우라면 도덕은 과학으로 정의될 수 있는가? 핑커는 이런 문제로 나와 이야기를 나누던 중 다음과 같은 수수께끼를 언급했다.

만일 종교에 깊이 심취한 누군가가 "신은 옳은 것과 그른 것을 초월한 존재이다(즉, 신은 옳고 그름을 결정하는 존재이다)"라고 주장한다면, 또 다른 누군가는 이렇게 되물을 것이다. "만일 그 신이 약탈과 살인을 도덕적인 행위라고 선언하면 어쩔 것인가? 그가 선언만 하면 살인도 도덕적 행위가 되는가?"

개중에는 이 질문에 "yes"라고 할 사람도 있겠지만, 대부분은 신이 그런 선언을 할 리가 없다고 대답할 것이다. 많은 사람들은 신이 그런 선언을 하지 않을 만한 이유가 있다고 믿는 것 같다. 하지만 그 믿음의 근거는 무엇인가? 아마도 인간의 이성이 약탈이나 살인을 비도덕적 행위라고 판단했기 때문일 것이다. 그렇다면 또 다른 의문이 생긴다. 신이 인간의 이성에 부합되는 존재라면, 왜 굳이 신을 대신하는 중개인들(성직자)을 내세우는가?

우주의 창조에도 이와 비슷한 논리를 펼칠 수 있다. 지금까지 나는 무(無)에서 유(有)가 창조되었음을 보여주는 다양한 사례들을 제시해왔으나, 사실 그것은 완벽한 무(無)가 아니었다. 진공이 존재할 만한 공간조차 없다고 해도, 창조와 관련된 물리법칙만은 존재했을 것이기 때문이다. 그렇다면 이 법칙들은 어디서 온 것인가?

가능한 답은 두 가지가 있다. 모든 것을 초월하여 존재하는 신, 또는 어떤 신성한 존재가 물리법칙을 결정했거나(기분 내키는 대로 골랐거나, 계획적으로 악의를 품고 결정했을지도 모른다), 신보다는 '덜 초자연적인' 어떤 구조로부터 탄생했을 수도 있다.

신이 법칙을 결정했다고 가정하면, "신의 법칙을 결정한 것은 누구(또는 무엇)인가?(신이 물리법칙을 메뉴판에서 골랐다면, 그 메뉴판을 제공한 주체는 누구(또는 무엇)인가?-옮긴이)"라는 후속 질문을 피할 수 없다. 로마 카톨릭 교회의 표현을 빌리면 "모든 창조주들 중에서 신(하나님)은 모든 원인의 최종원인cause of all causes"이며, 토마스 아퀴나스는 신을 '최초의 원인First Cause'이라고 했다. 또한, 아리스토텔레스는 신을 모든 움직임의 시초인 '원동력prime mover'이라고 표현했다.

흥미롭게도 아리스토텔레스는 원동력이라는 개념에 문제가 있음을 깨닫고 한동안 심사숙고한 끝에 우주는 영원하다는 결론에 도달했다. 그는 신을 '자신만의 생각에 도취한 존재'로 정의했고, 신을 움직이게 한 사랑은 영원하다고 믿었다. 즉, 당장 무언가를 창조하여 목적이 완료되는 것이 아니라, 신의 움직임에 어떤 최종목적이 있다는 것이다. 그래서 아리스토텔레스는 사랑이 영원하듯이 우주도 영원하다고 결론지었다.

아리스토텔레스는 최초의 원인First Cause과 신God을 동일시하는 것에 만족하지 않았다. 사실 그는 첫 번째 원인에 대한 플라톤의 생각에 오류가 있다고 생각했다. 아리스토텔레스는 "모든 원인에는 그에 선행하는 원인이 있다"고 믿었기에 우주가 영원하다고 결론지은 것이다. 이와는 달리 신을 '모든 원인의 최종원인'으로 간주하여 "우주는 영원하지 않아도 신은 영원하다"고 믿는다면, "왜?"로 이어지는 귀류법적 질문들은 신에 이르렀을 때 종결된다. 그러나 앞에서 강조한 바와 같이 이런 믿음은 아무런 증거가 없기 때문에, 전지전능한 존재를 가정해야 한다.

이 문제와 관련하여 또 한 가지 강조할 것이 있다. '최초의 원인'이 태생적으로 갖고 있는 논리적 결함은 시작이 존재하는 모든 우주에 공통적으로 제기되는 문제이다. 그러므로 논리적 타당성을 따진다면 이신론(理神論, 신이 우주를 창조했지만 직접 관여하지 않으며, 이 세계는 자체 법칙에 따라 운영된다는 사상—옮긴이)적 관점을 완전히 배제할 수 없다. 그러나 이신론을 수용한다 해도, 우주를 창조한 신과 사람들이 개인적으로 섬기는 신 사이에는 논리적 연결고리가 없다. 자연에 질서를 부여한 '지성'을 찾는 이신론자들은 일반적으로 성서에 적혀 있는 신에 집착하지 않는다.

지난 수천 년 동안 뛰어난 현자들과 별로 뛰어나지 않은 범인들은 이 문제를 놓고 끊임없이 토론을 벌여왔으며, 특히 범인들 중 대다수는 이것으로 생계를 꾸려왔다. 지금 내가 이 문제를 다시 거론하는 이유는 자연의 물리적 실체가 과거보다 많이 알려져 있기 때문이다. 아리스토텔레스와 토마스 아퀴나스는 은하가 존재한다는 것도 몰랐고, 빅뱅이나 양자역학도 전혀 알지 못했다. 그러므로 고대와 중세 철학자들의 생각은 새로운 지식을 기반으로 재해석되어야 한다.

현대 우주론에 입각하여 "최초의 원인은 존재하지 않는다"는 아리스토텔레스의 주장을 다시 한번 생각해 보자. 모든 원인에 우선하는 원인이 없다면 우주는 시작도, 창조도, 끝도 없다.

지금까지 나는 "무(無)에서 창조된 유(有)"에 대해 여러 가지 논리를 제시했는데, 내가 말한 무(無)는 '무언가가 창조되기에 앞서 미리 존재했던 빈 공간'이나 '빈 공간이 만들어지기 전에 미리 존재했던 공간조차 없는 그 무엇'이었다. 이 두 가지는 '존재의 부재'를 생각할 때마다 떠오르는 초기조건이며, 둘 다 무(無)의 후보가 될 수 있다. 그러나 나는 "창조 이전에 어떤 법칙이 존재했는가?"라는 질문을 직접 제기하지는 않았다. 다시 말해서, 최초의 원인에 대해 구체적인 언급을 하지 않았다는 뜻이다. 물론 이 질문에는 간단한 답이 있다. "빈 공간이나 그것을 낳은 더 근본적인 무(無)가 먼저 존재했으며, 이것은 영원히 존재한다"고 믿으면 그만이다. 그러나 냉정하게 따져보면 이것은 답이 주어질 수 없는 또 다른 질문을 낳는다 ― "창조의 법칙은 무엇에 의해 결정되었는가?"

한 가지 사실만은 분명하다. 형이상학적인 법칙에는 과학적 기초가 없다는 것이다(나는 형이상학적 법칙을 굳게 믿는 사람들과 "무(無)에서는 아무것도 탄생할 수 없다"는 것을 주제로 긴 토론을 벌인 적이 있다). 그것이 자명하다거나, 확고하다거나, 또는 부정할 수 없는 사실이라고 주장하는 것은, 찰스 다윈이 "물질은 창조되거나 파괴될 수 없다"는 논리에 기초하여 과학은 생명의 기원을 밝힐 수 없다고 결론지은 것과 비슷하다(물론 다윈의 논리는 틀린 것이다). 이 모든 것은 자연이 철학자나 신학자보다 똑똑할 수도 있다는 사실을 인정하지 않았기 때문에 발생한 오류이다.

뿐만 아니라 "무(無)에서는 아무것도 탄생할 수 없다"고 주장하는 사람들은 "신이 어떻게든 그 문제를 해결했을 것"이라는 비현실적인 해답에 만족하고 있는 듯하다. 그러나 "진정한 무(無)는 존재의 가능성조차 없는 상태"라고 주장한다면, 신은 아무런 기적도 행할 수 없다. 신이 비존재에서 존재를 창조했다는 것은, 존재 이전에 존재의 가능성이 있었음을 의미한다. "자연이 할 수 없는 일도 신은 할 수 있다"는 단순한 주장은 "존재를 낳는 초자연적 잠재력은 자연의 일반적인 잠재력과 수준이 다르다"는 주장과 다를 바 없다. 이것은 철학적 관념에서 신을 제외한 모든 것을 차단하기 위해 "초자연적 존재(신)가 존재해야 한다"고 주장하는 사람들이 임의로 설정한 차이일 뿐이다(대부분의 신학자들은 이런 시도를 하지 않는다).

앞에서 내가 여러 번 강조한 바와 같이, 이 수수께끼를 풀기 위해 신을 내세운다면 그 신은 우주 바깥에 있으면서 시간을 초월하여 영원히 존재해야 한다.

우주에 대해 현재 우리가 알고 있는 지식을 종합하면 또 다른 가능성이 제기된다. 이것은 내가 보기에 물리학의 범주를 넘어선 해답이지만(우주 바깥에 창조주가 존재한다는 것과 비슷한 수준이다), 논리적으로는 별다른 하자가 없다.

다른 가능성이란 바로 '다중우주multiverse'이다. 이 가설에 의하면 우리의 우주는 수많은(또는 무한히 많은) 우주들 중 하나이며, 각 우주에 존재하는 물리적 실체들도 각기 다를 수 있다. 다중우주를 도입하면 우리의 존재를 이해하는 방식이 매우 다양해진다.

앞에서도 말했지만, 다중우주가설에 의하면 우리가 알고 있는 물리학의 기본법칙은 그저 주변환경에 따라 우연히 결정된 것에 불과하다(물리학자로서 불쾌하긴 하지만 사실일 수도 있다. 내가 불쾌감을 느끼는 이유는 우주가 지금과 같은 모습을 하고 있는 이유를 설명하는 것이 과학의 궁극적인 목적이라고 생각하기 때문이다. 그런데 우리가 알고 있는 물리법칙들이 우리의 존재와 관련하여 우연히 결정된 것이라면 과학의 목적이 무색해진다. 그러나 다중우주가설이 사실로 판명된다면, 나의 편견을 언제든지 수정할 의향이 있다). 만일 그렇다면 자연에 존재하는 근본적인 힘과 상수들은 지구와 태양 사이의 거리보다 근본적인 양이라 할 수 없다. 우리가 화성이 아닌 지구에서 살고 있는 것은 무언가 심오한 이유 때문이 아니라, 단지 지구의 환경이 생명체의 탄생에 적절했기 때문이다. 태양의 규모가 지금보다 조금 컸다면 생명체는 화성에서 탄생했을 것이고, 지금 우리는 화성에서 살고 있을 것이다.

이런 식으로 진행되는 인류원리는 논쟁을 교묘하게 잘 빠져나가는 것으로 유명하다. 또한, 모든 가능한 우주와 기본상수, 그리고 힘 등의 확률적 분포상태를 완전히 파악하고(즉, 다른 우주로 갔을 때 달라지는 물리량과 변하지 않는 물리량이 무엇인지를 파악하고) 우리의 우주가 얼마나 '전형적인' 우주인지를 알고 있어야 인류원리로부터 무언가 구체적인 예측을 내놓을 수 있다. 우리의 우주가 전형적이지 않고 인간도 전형적인 생명체가 아니라면, 인류원리는 또 다른 요인을 내세워서 그렇게 될 수밖에 없었음을 설명하려 할 것이다.

그러나 여분차원의 수많은 가능성으로 이루어진 경관 우주landscape of universes이건, 영구 인플레이션eternal inflation에서 말하는 '무수히 복제된 3차원 공간'이건 간에, 다중우주가설은 우주창조에 대한 기존의 관점과 창조가 일어나기 위해 요구되는 조건을 크게 바꿔 놓았다.

다중우주가설이 등장한 후로 "우리의 우주를 지금과 같은 모습으로 진화시킨 물리법칙은 무엇에 의해 결정되었는가?"라는 질문은 예전처럼 주목을 끌지 못하고 있다. 자연의 법칙이 확률적으로, 또는 무작위로 선택되었다면 우주의 '근원'이라는 것은 의미가 없어진다. "물리학적으로 금지되지 않은 사건은 반드시 일어난다"는 일반원리에 입각해서 생각해 보면, 수많은 우주들 중 우리가 알고 있는 것과 동일한 법칙으로 운영되는 우주가 어딘가에 존재할 것이다. 우주가 왜 하필 지금과 같은 법칙으로 운영되고 있는지, 따질 필요가 없는 것이다. 법칙은 어떤 형태도 취할 수 있고, 그중 하나가 우리의 우주에 할당된 것뿐이다. 그러나 다중우주의 경관(분포상태)을 설명하는 근본적인 이론이 완성되지 않았으므로 아직 단정 지을 수는 없다(그러나 다른 우주에 양자역학이 적용되지 않는다면 그곳의 특성을 어떤 식으로 풀어나가야 할지 아무 생각도 들지 않는다. 만일 그런 우주가 존재한다면 우리는 거의 아무것도 알아낼 수 없을 것이다).

사실, 근본적인 이론이라는 것이 아예 존재하지 않을지도 모른다. 나는 그런 이론이 존재한다고 믿었기에 물리학자가 되었고, 그것을 발견하는 데 일말의 기여를 하고 싶지만, 애초부터 잘못된 믿음을 키웠을 수도 있다. 그러나 리처드 파인만의 말이 어느 정도 위안이 되기도 한다. 여기서 잠시 그의 말을 들어보자.

사람들은 내게 묻는다. "당신은 물리학의 궁극적인 법칙을 찾고 있는가?" 아니다. 나는 그저 이 세상을 조금 더 알기 위해 노력하고 있을 뿐이다. 모든 것을 설명하는 궁극의 법칙이라는 것이 단순한 형태로 존재한다면 물론 다행스러운 일이고 그것을 내가 발견한다면 더없이 행복하겠지만, 자연의 법칙이 수백만 겹의 양파껍질처럼 겹겹이 쌓여 있어서, 그것을 벗기는 작업이 점점 지루하게 느껴진다 해도 어쩔 수 없는 일이다…… 나의 관심은 이 세상에 대해 조금 더 많이 알아내는 것이며, 많이 발견할수록 기쁨도 크다. 나는 무언가를 발견하는 것이 좋다. 그뿐이다.

현재 학계에서는 다양한 형태의 다중우주가설이 거론되고 있는데, 모든 가설에는 무한히 작거나 무한히 크면서 아무것도 없는 영역(무(無)의 영역)이 있을 수 있고, 역시 무한히 크거나 무한히 작으면서 무언가가 존재하는 영역(유(有)의 영역)도 있을 수 있다. 그리고 이런 영역의 개수는 무한히 많을 수 있다. 이것이 사실이라면 "우주는 왜 텅 비어 있지 않고 무언가가 존재하는가?"라는 질문 자체가 진부해진다. 우리의 우주에 무언가가 존재하는 이유는 "아무것도 없다면 이런 질문을 떠올리는 우리도 존재할 수 없기 때문이다!"

심오한 질문에 이런 식으로 평범한 답이 주어지면 누구라도 실망스럽기 마련이다. 그러나 과학의 역사를 돌아보면 첫눈에 심오하게 보였던 것이 결국 별 볼 일 없는 것으로 판명된 사례가 수도 없이 많다. 물론 그 반대도 마찬가지다.

우주는 우리가 생각하는 것보다 훨씬 기이하고 다양하다(기이한 정도는 가히 상상을 초월한다). 현대우주론이 발전함에 따라 우리는 100년 전까지만 해도 상상조차 할 수 없었던 개념들을 다루게 되었다. 20~21세기에 위대한 발견이 연달아 이루어지면서 우리의 세계관은 크게 바뀌었고, 세계(또는 세계들)를 이해하는 방식도 혁명적인 변화를 겪었다. 우리가 용기를 내어 과감한 탐사를 시도하지 않는 한, 우주의 실체는 여전히 베일에 싸여 있을 것이다.

그래서 나는 철학과 신학이 우리의 존재에 대한 근본적 질문에 궁극적인 답을 줄 수 없다고 주장하는 것이다. 근시안적인 우주관에서 벗어나려면 두 눈을 크게 뜨고 자연을 있는 그대로 바라봐야 한다.

우주는 왜 텅 비어 있지 않고 무언가가 존재하는가? 결국, 이 질문은 "왜 어떤 꽃은 빨갛고 어떤 꽃은 파란가?"라는 질문보다 심오하지 않다. 유(有)는 항상 무(無)에서 탄생해왔으며, 앞으로도 그럴 것이다. 무(無)에서 유(有)가 탄생하는 것은 실체의 특성과 무관한 과정일지도 모른다. 또는 다중우주에서 유(有)는 그다지 특별할 것 없는 다반사일 수도 있다. 어떤 경우이건 위의 질문을 놓고 고민하는 것보다는 새로운 발견을 위한 탐사에 직접 참여하는 것이 훨씬 바람직하다. 새로운 발견이 이루어질 때마다 우리는 우주의 발생과 진화과정, 그리고 앞으로 다가올 미래를 더욱 정확하게 예측할 수 있고, 우주를 지배하는 궁극의 법칙에 한 걸음 더 가까이 다가갈 수 있다. 그래서 우리는 과학을 탐구하는 것이다. 철학의 도움을 받으면 이해의 폭을 더 넓힐 수도 있겠지만, 우주에서 우리의 위치를 정확하게 파악하고 유용한 정보를 얻으려면 관측 가능한 우주 곳곳을 탐사하는 수밖에 없다.

이 책을 마무리하기 전에, "우주는 왜 텅 비어 있지 않고 무언가가 존재하는가?"라는 질문이 갖고 있는 또 한 가지 속성을 소개하고자 한다(이 책에서 아직 언급한 적이 없어서, 마무리 멘트로 적당한 것 같다). 이 질문의 저변에는 "유(有, something)는 영원히 지속된다"는 유아론적 사상이 담겨 있다. 무언가가 있어야 우주가 진화하고, 그래야 창조의 절정인 인간에 이를 수 있기 때문이다. 지금까지 알려진 바에 의하면 미래(아마도 무한히 먼 미래)의 우주는 또다시 무(無)로 되돌아갈 가능성이 높다.

만일 우리가 무(無)의 에너지로 가득 찬 우주에 살고 있다면, 미래의 우주는 황량함, 그 자체로 남게 된다. 미래의 하늘은 춥고 어두우면서 텅 빈 공간이 될 것이다. 그러나 실제상황은 이보다 더 나쁘다. 빈 공간의 에너지가 전체 에너지의 대부분을 차지하는 우주는 미래 생명체의 입장에서 볼 때 최악의 우주이다. 이때까지 문명이 남아 있다면, 수준이 아무리 높다 해도 에너지 부족으로 결국 멸망할 것이다. 장구한 세월이 흐른 후, 한 지역에 양자요동이나 열역학적 교란이 일어나서 생명체가 다시 탄생할 수도 있지만, 그것도 오래 지속되지는 못할 것이다. 결국, 미래의 우주에는 신비를 파헤칠 만한 그 무엇도 남지 않는다는 이야기다.

우리의 몸을 이루고 있는 물질이 태초의 양자요동에 의해 탄생했다면, 우리도 결국 사라져야 할 운명이다. 물리학은 시작과 끝이 연결되어 있는 양면도로에 비유할 수 있다. 멀고 먼 미래에 양성자와 중성자가 붕괴되어 사라지면 물질도 사라지고, 우주에는 가장 단순한 구조에 가장 단순한 대칭만 남을 것이다. 물질이 없는 우주를 상상해보라. 수학적으로는 아름다울지 몰라도, 그 아름다움을 인식할 주체가 없으니 그만큼 썰렁한 곳이 또 어디 있겠는가.

고대 그리스의 철학자 헤라클레이토스Heraclitus of Ephesus는 이렇게 말했다. "호머Homer는 신과 인간 사이의 불화가 사라질 것이라고 예견했지만, 이것은 틀린 생각이다. 그는 자신이 우주의 파멸을 기원하고 있다는 사실을 깨닫지 못했다. 만일 신이 그의 기도를 들어준다면 모든 만물은 사라질 것이다." 또한, 나의 친구였던 故 크리스토퍼 히친스는 이것을 다음과 같이 재해석했다. "열반(涅槃)이란 무(無)를 성취하는 것이다."

이보다 더욱 극단적인 "무(無)로의 회귀"는 피할 길이 없을 것 같다. 일부 끈이론학자들은 복잡한 수학에 기초하여 우리의 우주처럼 빈 공간의 에너지가 양(+)인 우주는 안정적일 수 없다고 주장한다. 이런 우주는 결국 공간의 에너지가 음(-)이 되는 쪽으로 붕괴되어야 한다. 그렇다면 우리의 우주는 하나의 점이 될 때까지 안으로 붕괴되어 처음 시작했던 상태로 되돌아갈 것이다. 만일 이것이 사실이라면 우리의 우주는 처음 시작할 때와 마찬가지로 어느 날 갑자기 사라질 것이다.

그렇다면 "우주는 왜 텅 비어 있지 않고 무언가가 존재하는가?"라

는 질문의 해답은 간단하다. "신경 쓸 것 없다. 머지않아 다시 텅 비워

질 테니까!"

맺음말

경험적 사실을 진리로 확증하는 것은 매우 심오한 과제이며, 르네상스 이후로 인류문명을 이끌어온 원동력이었다.

— 제이콥 브로노프스키(Jacob Bronowski)

나는 이 책의 첫 부분에서도 제이콥 브로노프스키의 말을 인용했다.

달콤한 꿈이건 악몽이건 간에, 우리는 경험의 세계에서 깨어 있는 채로 살아갈 수밖에 없다. 지금 우리는 과학이 방방곡곡에 퍼져 있는 '완전하면서 현실적인' 세상에서 살고 있다. 완전함과 현실성 중 어느 한 쪽 편을 든다고 해서 우리의 삶이 게임으로 변하지 않는다.

앞서 말했던 것처럼, 한 사람의 꿈은 다른 사람에게 악몽이 될 수도 있다. 일부 사람들은 우주에 목적이나 안내자가 없으면 생명 자체가 무의미하다고 생각하겠지만, 그런 우주가 오히려 활기차면서 생명력이 넘친다고 생각하는 사람도 있다(여기에는 나도 포함된다). 목적이 없는 우주는 우리를 더욱 놀라운 존재로 만들어주고, 우리로 하여금 자신의 행동에 의미를 부여하게끔 만들어 준다. 왜냐하면, 지금 이곳에 있는 우리는 의식이 있는 축복 받은 존재이며, 자신의 행동에 의미를 부여할 기회까지 주어졌기 때문이다. 그러나 보로노프스키는 "목적 없는 우주를 어떻게 생각하건 별로 중요하지 않으며, 우주에 무언가를 바라는 것은 부적절하다"고 했다. 우주적 스케일에서 일어날 수 있는 일은 다 일어났고, 앞으로 일어날 수 있는 일은 언젠가 반드시 일어날 것이다. 우리가 그것을 좋아하건 싫어하건, 우주는 인간의 취향에 아무런 관심도 없다. 우리는 과거를 되돌릴 수 없으며, 미래에 영향을 미칠 수도 없다.

그렇다고 해서 인간이 무력한 존재라는 뜻은 아니다. 우리는 자연을 이해하기 위해 나름대로 노력하고 있다. 지금까지 우리는 이 책을 통해 인류역사상 가장 놀라운 탐구여행 중 하나인 우주탐구의 과정을 되새겨보았다. 우리는 지난 100년 동안 역사에 길이 남을 대대적인 탐구여행을 겪으면서 우주에 대해 엄청나게 많은 것을 알게 되었다. 그 여행은 인간의 정신을 한계점까지 밀어붙였으며, 우리는 결과가 어떻게 나오건 눈앞에 주어진 증거와 이미 알고 있는 지식을 결합하여 새로운 결과를 도출하는 데 총력을 기울여왔다. 끝없이 늘어선 방정식과 수시로 쏟아져 나오는 관측결과들을 정리하는 것은 참으로 지루한 작업이었으나, 우리는 창조력과 인내심을 발휘하여 이 모든 과제를 만족스럽게 완수해 왔다.

나는 과학적 탐구과정이 시시포스Sisyphus의 신화와 비슷하다고 생각한다. 시시포스는 신들을 기만한 죄로 커다란 바위를 산꼭대기로 밀어 올리는 벌을 받았는데, 정상에 도달하면 바위는 다시 골짜기로 굴러떨어지고, 시시포스는 똑같은 노동을 처음부터 다시 시작해야 했다. 그러나 프랑스의 작가 카뮈Camus의 말대로 시시포스는 미소를 잃지 않았으며, 우리도 그래야만 한다. 우리의 여정은 도착지에 상관없이 그 자체로 보상이 주어질 것이기 때문이다.

우리는 지난 세기에 과학적 진보를 이루면서, 인간이 떠올릴 수 있는 가장 신오한 질문에 도달했다. "우리는 누구인가? 우리는 어디서 왔는가?" 언뜻 듣기엔 철학적 질문 같지만, 이것은 인류가 과학의 창을 통해 자연을 바라보기 시작한 후로 끊임없이 제기되어온 궁극의 질문이다.

앞서 말한 대로, 이 질문의 의미는 우주에 대한 이해가 깊어지면서 서서히 변해왔다. "우주는 왜 텅 비어 있지 않고(無) 무언가가 존재하는가?(有)"— 무(無)와 유(有)의 의미는 더 이상 과거와 같지 않기 때문에, 이 질문도 새롭게 해석되어야 한다. 최근 들어 무(無)와 유(有)의 차이점은 거의 사라졌다. 무(無)는 언제든지 유(有)가 될 수 있으며, 그 반대도 마찬가지다. "그렇게 될 수도 있는" 정도가 아니라, 물리학이론 자체가 둘 사이의 전환을 요구하고 있다.

그러나 이런 질문들은 지식을 탐구하는 우리의 여정에서 수면 위로 떠오르지 않는다. 우리는 자연에 대해 무언가를 예측하고, 우리의 미래에 어떻게든 영향을 미치는 쪽으로 탐구여행을 진행해왔다. 이 과정에서 우리는 우주가 텅 비어 있으며, 빈 공간의 역학이 현재 우주의 진화를 좌우하고 있다는 사실을 알게 되었다. 또한, 우리는 우주가 무(無)(공간조차 없는 완전한 무(無))에서 탄생하는 것이 가능하고 실제로 그럴 가능성이 높으며, 앞으로 또다시 무(無)로 돌아갈 수 있다는 것도 알게 되었다(이 과정은 우리의 지식으로 이해 가능하며, 외부의 조종이나 지시 같은 것 없이 스스로 진행된다). 이런 점에서 볼 때, 스티븐 와인버그의 말대로 과학은 신앙을 박탈하는 것이 아니라, 우리에게 신앙의 자유를 부여한다. 다시 말해서, 과학이 있는 한 우리는 신을 믿을 것인지, 믿지 않을 것인지를 취사선택할 수 있다. 과학이 없으면 모든 것이 기적처럼 보이지만, 과학이 있으면 "이 세상에 기적이라는 것이 아예 존재하지 않을 수도 있다"는 가능성이 제기되고, 종교의 필요성은 점차 사라진다.

물론 창조주의 존재를 받아들일 수밖에 없는 어떤 결정적인 순간이 찾아올 수도 있다. 나는 이와 관련된 논쟁이 곧 끝나리라고 생각하지 않는다. 그러나 앞에서 강조한 바와 같이, 지적으로 솔직한 사람이라면 '계시'가 아닌 '정보'를 선택할 것이다.

이 책의 목적은 우주와 관련된 정확한 정보와 함께 현대물리학을 이끌고 있는 여러 이론을 소개하는 것이었다. 우리 과학자들은 바로 이 정보(관측)와 이론을 바탕으로 사실과 허구를 분리해내고 있다.

물론 우주가 무(無)에서 탄생했다는 것은 나만의 편견일 수도 있다. 내가 보기에 "무(無)에서 탄생한 우주"는 현재 우리가 택할 수 있는 최선의 이론이다. 독자들은 나와 의견이 다를 수도 있지만, 적어도 내 생각은 그렇다.

마지막으로, "무(無)에서 탄생한 유(有)"보다 더 강하게 지적 동기를 자극하는 질문 하나를 제시하면서 이 책을 마치고자 한다. "조물주는 우주를 왜 지금과 같은 모습으로 창조했는가? 그에게 다른 선택의 여지는 없었는가?" 이것은 아인슈타인이 떠올렸던 질문으로(10장에서 언급된 바 있다), 물질과 시공간을 탐구하는 모든 연구의 동기가 되었으며, 나 역시 이 의문을 풀기 위해 긴 세월을 고군분투해왔다.

나는 이 질문에 분명한 답이 있다고 생각해 왔으나, 이 책을 집필하면서 생각이 바뀌었다. 우주의 탄생과정과 진화과정을 설명하는 이론이 단 하나뿐이라면(이것은 갈릴레오와 뉴턴 이후로 물리학이 추구해 온 최종목표였다) 아인슈타인의 질문에 대한 답은 이렇게 내려질 것이다. "그렇다. 다른 선택의 여지가 없었다. 모든 것은 그렇게 되어야만 했다."

그러나 우주가 유일하지 않고 무수히 많은 다중우주 중 하나에 우리가 살고 있다면 어쩔 것인가? 이런 경우에는 "아니다. 선택의 여지가 무수히 많았다. 그래서 우주가 이렇게 많은 것이다!"라고 답해야 할까?

글쎄, 나도 잘 모르겠다. 물리법칙과 입자, 그리고 힘으로 구성된 '우주조립세트'가 무수히 많아서, 다중우주의 각 우주마다 각기 다른 세트로 만들어졌을지도 모른다. 또는 수많은 세트 중에서 극히 한정된 세트만 허용되어(우리 우주가 여기 속할 것이다) 위와 같은 질문을 던질 수 있는 생명체가 존재하게 되었는지도 모른다. 그렇다면 조물주에게는 선택의 여지가 그리 많지 않았을 것이다.

왠지 나는 전지전능한 신에게조차 우주를 창조할 때 선택의 여지가 없었다는 쪽으로 생각하고 싶다. 그래야 더 근본적인 원인을 찾아야 한다는 의지가 생길 것이기 때문이다. 그러면 신은 더 이상 필요 없는 (또는 잘해야 '있어도 별로 도움 안 되는') 존재가 될 것이다.

후문

리처드 도킨스(Richard Dawkins)

팽창하는 우주를 떠올릴 때마다 내 생각도 함께 팽창하는 것 같다. 우주의 팽창만큼 내 상상을 자극하는 것도 없다. 천상의 음악은 은하교향악단의 웅장한 화음과 달리, 초창기의 고요한 운율과 은은한 종소리만 희미하게 남아 있다. 우리가 까마득한 옛날로 인식하고 있는 지구의 고대역사는 지질학적 스케일에서 볼 때 거의 찰나에 불과하다. 그러나 우주의 역사는 무려 137억 2천만 년이나 되고(크라우스가 이렇게 단언했으니 믿어도 될 것이다. 그런데 천문학자들이 4자리 숫자까지 알아냈다는 게 정말 신기하다), 이것도 앞으로 남은 수조 년에 비하면 아무것도 아니다.

먼 미래의 우주를 바라보는 크라우스의 관점은 역설적이면서도 소름 끼칠 정도로 놀랍다. 과학이 거꾸로 가는 듯한 착각이 들 정도이다. 비전문가들은 "앞으로 2조 년 후에도 천문학자가 존재한다면, 그들의 우주관은 우리보다 훨씬 포괄적이고 정확할 것"이라고 생각하기 쉬운데, 크라우스는 그렇지 않다고 단언한다. 이것은 이 책을 통틀어 가장 놀라운 결론 중 하나였다. 앞으로 2조 년 후에는 우주가 엄청나게 팽창하여, 우주론학자가 살고 있는 은하(이것이 우리 은하라는 보장은 없다. 어떤 은하가 될지 아무도 알 수 없다)를 제외한 나머지 모든 은하들은 아인슈타인의 지평선을 넘어 신성불가침의 영역으로 사라진다. 이들은 시야에서 사라질 뿐만 아니라 흔적을 남길 가능성조차 없다. 이쯤 되면 아예 처음부터 존재하지 않은 것과 다를 바 없다. 빅뱅이 남긴 모든 흔적도 사라지고, 결코 복구될 수도 없다. 미래의 우주론학자들은 과거와 완전히 단절되어 우리와 전혀 다른 관점에서 우주를 바라보게 될 것이다.

우리는 천억 개가 넘는 은하들 중 하나의 은하에 속해 있는 작은 존재에 불과하지만, 태초에 빅뱅이 일어났다는 놀라운 사실을 알고 있다. 아직은 빅뱅을 알려주는 증거가 도처에 널려 있기 때문이다. 과학자들은 멀리 있는 은하에서 날아온 빛이 적색편이를 일으킨다는 사실로부터 우주가 팽창하고 있음을 알아냈고, 이 과정을 거꾸로 되돌려 우주의 시작점인 빅뱅을 유추해냈다. 우리는 우주탄생의 비밀이 아직 남아 있는 '특별한' 시기에 살고 있는 것이다. 그래서 크라우스와 그의 동료들은 반 농담 삼아 이렇게 말했다. "우리는 정말 특별한 시기에 살고 있다…… 우주의 역사를 통틀어 천문관측을 통해 자신이 특별한 시기에 살고 있다는 사실을 알아낼 수 있는 유일한 시간대에 살고 있다!" 3조 년 후의 우주론학자들은 20세기 초의 우리들처럼 우리의 은하가 전부라고 생각하면서 심심하게 살아갈 것이다. 그나마 20세기 초에는 무언가를 발견할 가능성이라도 있었지만, 3조 년 후에는 그럴 가능성조차 없다.

결국, 우리의 평평한 우주는 앞으로 더욱 평평해지면서 처음과 같은 무(無)로 되돌아갈 것이다. 이때가 되면 우주를 관측할 천문학자도 없고, 만일 있다고 해도 관측할 대상이 없다. 물론 물질도 없고 원자도 없다. 그야말로 완전히 텅 빈 우주가 되는 것이다.

이것이 황량하고 쓸쓸하게 느껴진다 해도 어쩔 수 없다. 자연은 인간의 마음상태에 아무런 관심도 없이, 그저 법칙에 따라 자신의 갈 길을 갈 뿐이다. 마거릿 풀러Margaret Fuller(1810~1850, 미국의 여권운동가-옮긴이)가 만족스런 한숨을 내쉬며 "나는 우주를 받아들인다"고 말했을 때, 토머스 칼라일Thomas Carlyle(1975~1881, 영국의 사상가-옮긴이)은 주눅든 듯이 대답했다. "맙소사, 저렇게 용감할 수가!" 내가 보기에 무한히 평평하면서 무(無)로 되돌아간 우주는 너무도 장엄하기 때문에, 용기를 내서 마주 대할 만한 가치가 있다고 생각한다.

그러나 무언가가 평평해지면서 무(無)로 되돌아갈 수 있다면, 무(無)로부터 무언가가 탄생할 수도 있지 않을까? 이 질문을 신학 버전으로 살짝 바꾼 것이 "우주는 왜 텅 비어 있지 않고 무언가가 존재하게 되었는가?"이다. 로렌스 크라우스의 책은 바로 이 질문에 놀라운 답을 제시하고 있다. 그의 설명에 의하면 "무(無)에서 탄생한 유(有)"는 물리적으로 가능할 뿐만 아니라, 무(無)는 태생적으로 불안정하기 때문에 그로부터 무언가가 탄생할 수밖에 없다. 내가 그의 설명을 제대로 이해했다면, 유(有)는 무(無)에서 수시로 탄생하고 있다. 이것은 마치 "부정이 두 번 반복되면 긍정이 된다"는 원리를 물리학 버전으로 수정한 것 같다. 아무것도 없이 텅 빈 공간에서 마치 원자-반딧불이처럼 입자와 반입자가 나타났다가 순식간에 사라지고, 잠시 후에 이 과정이 역으로 진행되는 것처럼 무(無)에서 또다시 나타난다.

무(無)에서 유(有)가 창조된 기원을 추적하려면 시간과 공간이 처음으로 창조된 빅뱅까지 거슬러가야 한다. 그 직후에 우주는 아주 짧은 시간 동안 엄청난 인플레이션을 겪으면서 10^{28}배까지 커졌다(10^{28}은 1 다음에 0이 28개 붙어 있는 숫자다. 상상이 가는가?).

이 얼마나 황당한 스토리인가? 황당하기는 과학자들도 마찬가지다! 가끔은 이들이 바늘 끝에 올라탄 천사의 수를 헤아리던 중세의 스콜라 철학자나, 물질의 신비한 변형을 연구하던 연금술사들처럼 보이기도 한다.

그러나 그 내막을 알고 보면 그다지 과격하지도, 극단적이지도 않다. 우리 주변에는 과학으로 밝혀내지 못한 것들이 아직도 많이 남아 있다(대부분은 지금 한창 연구가 진행되는 중이다). 그런데 이미 알려진 사실들은 매우 정확하게 알려져 있다(우주의 나이는 수천 년이 아니라 137억 년이다). 너무나 정확해서 넋이 나갈 정도이다. 앞서 말한 바와 같이, 과학자들은 우주의 나이를 4자리 숫자까지 알아냈다. 이 정도만 해도 엄청난 업적인데, 물리학의 다른 분야에서 이룬 업적에 비하면 아무것도 아니다. 20세기 물리학의 히어로였던 리처드 파인만은 제아무리 파격적인 신학자라도 결코 떠올릴 수 없는 희한한 가정에 기초하여 양자전기역학(QED)을 완성했는데, 이 이론의 오차는 뉴욕에서 LA까지 거리를 측정했을 때, 머리카락 한 올의 굵기에 불과하다.

신학자들은 현재의 상태를 설명하기 위해 바늘 끝에 올라선 천사의 수를 헤아리거나 그와 비슷한 시도를 할 것이다. 그러나 물리학자들은 그들만의 바늘과 천사를 갖고 있는 것 같다. 맵시 쿼크charm quark, 기묘도strangeness, 양자, 스핀 등이 바로 그것이다. 물리학자들은 이런 개념을 이용하여 바늘 끝에 서 있는 천사의 수를 10억 단위까지 정확하게 셀 수 있다. 더 많지도 않고 적지도 않은 정확한 숫자를 밝히고 있으니, 더 이상 할 말이 없다. 어떤 면에서 보면 과학은 신학보다 더 불가사의하고 이해하기 어려운 것 같다. 그러나 과학은 자연에 적용했을 때 매우 정확하게 작동하고, 명확한 결과를 낳는다. 과학을 이용하면 당신은 화성과 목성을 스쳐 지나가면서 슬링샷효과(행성의 중력에 의해 속도가 빨라지는 효과)를 발생시켜 토성에 도달할 수 있다. 우리는 양자역학을 완전히 이해하지 못하고 있지만(하늘이나 알까? 그것도 잘 모르겠다), 이로부터 예견된 물리량은 실험결과와 10자리 이상 일치한다. 이 정도면 틀렸다고 보기가 거의 불가능하다. 반면에 종교는 자릿수는 고사하고 자연의 실체에 대해 아주 작은 힌트조차 주지 못한다. 그래서 토머스 제퍼슨Thomas Jefferson은 버지니아대학을 설립할 때 이렇게 공언했다. "우리 학교에 신학과 교수가 발붙일 자리는 없을 것이다."

신앙심이 깊은 사람에게 "왜 종교를 믿느냐"고 물어보면, "신은 모든 존재의 근원"이라거나 "모든 인간관계의 상징"이라는 등 다소 회피적인 대답이 돌아오곤 한다. 그러나 신앙을 갖고 있는 대부분의 사람들은 좀 더 솔직하면서 취약한 논리로 '디자인된 우주'나 '최초의 원인' 등을 언급한다. 데이비드 흄David Hume 같은 철학자들은 이런 논리의 치명적 약점을 지적하기 위해 굳이 의자에서 일어나지 않았다. 그러나 찰스 다윈Charles Darwin은 논점을 피하지 않고 새로운 답을 찾기 위해 HMS 비글호(다윈을 갈라파고스제도로 실어다 준 배의 이름—옮긴이)를 타고 과감한 여행길에 올랐다. 이것이 바로 생물학자들의 자세이다. 다윈 이전까지만 해도, 생물학은 자연신학자들이 가장 좋아하는 사냥터였다. 그러나 다윈의 등장과 함께 신학자들은 사냥터에서 대부분 사라졌다(물론 강제로 쫓아낸 것은 아니다. 다윈은 정말 상냥하고 친절한 영국신사였다). 이들은 지금 물리학이라는 지성의 전당으로 자리를 옮겨 우주의 기원을 논하려 하고 있지만, 그곳에는 로렌스 크라우스를 비롯한 물리학자들이 그들을 기다리고 있다.

물리학의 법칙과 상수들은 과연 인간을 위해 세팅된 것인가? 무언가 눈에 보이지 않는 존재가 모든 것의 원인을 제공했다고 생각하는가? 만일 그렇다면 빅터 스텐저Victor Stenger(하와이대 물리학과 교수.『물리학과 초능력Physics and Psychics』이라는 책을 통해 초능력자를 자처했던 유리 겔러가 사기꾼임을 주장했다-옮긴이)의 책을 읽어보기 바란다. 그리고 이왕 시작한 김에 스티븐 와인버그와 피터 앳킨스Peter Atkins, 마틴 리스Martin Rees, 스티븐 호킹Stephen Hawking의 책도 읽어보기 바란다. 그 다음에 로렌스 크라우스의 책을 읽는다면 누구라도 녹아웃될 것이다. 위에 소개한 책들을 읽고 나면 신학자들의 마지막 히든카드인 "우주는 왜 텅 비어 있지 않고 무언가가 존재하게 되었는가?"라는 질문도 과학적 진실 앞에 무력해질 것이다. 찰스 다윈의『종의 기원에 대하여On the Origin of Species』가 초자연현상을 믿는 사람들에게 치명타를 날린 것처럼, 크라우스의『무로부터의 우주』는 우주론 분야에서 이와 동일한 역할을 할 것이다. 이 책의 제목은 어떤 은유가 아니라, 문자 그대로이다. 그리고 그 안에 담긴 내용은 참으로 통렬하고 명쾌하다.

저자와의 문답

Q _ 당신이 말하는 '무(無, nothing)'는 정확하게 무슨 뜻인가?

A _ 본문에서도 말했지만, 과학적 용어를 정의할 때는 추상적 개념보다 실체에 대한 경험에 의존하는 편이 훨씬 유용하다. '비존재(非存在, non-existence)'에 대한 질문은 심오한 철학적 이슈를 양산하겠지만, 내가 볼 때 우주의 가장 신기한 특성은 우리 눈에 보이는 모든 물질들이 '그런 물질이 전혀 존재하지 않았던 우주'에서 태어났다는 점이다. 이것은 지난 수백 년 동안 과학자와 신학자들 사이에 격렬한 논쟁을 불러일으켰던 문제이기도 하다. 존재하지 않던 무언가가 존재하게 되었다는 것은 에너지보존법칙에 위배될 뿐만 아니라 일반적인 상식에도 부합되지 않는다. 그러나 상식은 자연을 이해하는 데 별로 도움이 되지 않는다. 나는 이것이 과학의 가장 뛰어난 장점이라고 생각한다. 우리의 상식은 우주로부터 온 것이지만, 상식만으로 우주에 도달할 수는 없다. 그리고 양자역학과 중력이 결합하여 물질이 없는 상태$^{no\text{-}stuff\ state}$에서 물질이 탄생했다는 것은 그야말로 '기적 같지 않은 기적'이다.

이런 식으로 '물질이 없는 상태'는 고전적인 관점에서 볼 때 '무(無)'라고 할 수 없지만, 이로부터 물질이 탄생한 것은 정말로 놀라운 변화이다. 따라서 무(無)의 1차적 형태는 '텅 빈 공간'이라고 할 수 있다. 그러나 텅 빈 공간이 정말로 무(無)인지를 따져 묻는 것도 적절한 질문이다. 공간이 있으면 시간도 같이 존재하기 때문이다. 그렇다면 시간과 공간조차 없는, 완전한 무(無)에 가까운 상태에서 어떻게 시간과 공간이 탄생했을까? 물론 이 과정에는 모종의 물리법칙이 작용했을 것이므로, 시간과 공간의 부재상태가 과연 완전한 무(無)인지를 따지고 들 수도 있다. 물리법칙은 대체 어디서 나타난 것인가? 좋은 질문이다. 현대식 버전의 답을 제시하자면 다음과 같다 — "물리법칙은 우주와 함께 탄생했지만, 그 내용은 무작위였다." 여기서 "물리법칙의 등장은 누가 허용했는가?"라고 재차 물을 수도 있는데, 이 단계까지 오면 이 책의 서두에서 언급한 대로 "무수히 많은 거북이들이 층층이 쌓여 있고, 제일 꼭대기에 있는 거북이가 이 세상을 등에 지고 있다"는 식의 답변밖에 할 수 없다. 이런 질문은 특별한 지식이 없어도 경험을 통해 누구나 할 수 있지만, 결코 물리적인 영감이나 예측에 도달하지 못한다. 논리적인 대답이 가능한 질문과 그렇지 않은 질문을 구별하는 것이 문제의 핵심이다.

Q _ 왜 "왜?"가 아니고 "어떻게?"인가?

A _ "왜"로 시작하는 질문들은 질문자의 의도와 무관하게 '지적인 군더더기'를 양산하기 쉽다. "태양계에는 왜 행성이 아홉 개인가?"라는

질문은(나에게 명왕성은 영원한 행성으로 남아 있다!) 9라는 숫자에 담긴 의도나 목적을 묻는 것이 아니라, 아홉 개의 행성이 존재하게 된 과정을 묻는 것이다. 만일 우리의 태양이 우주에 존재하는 유일한 별이라면 9라는 숫자에 특별한 의미를 부여할 수도 있겠지만(6개의 행성만 알려져 있었던 16세기에 케플러가 플라톤의 다각형에 기초하여 이런 시도를 한 적이 있다), 지금까지 관측된 외계태양계들은 행성의 수가 천차만별이다. 따라서 우리의 관심은 행성이 아홉 개인 '이유'가 아니라, 다양한 태양계들이 생성된 '과정'에 집중되어야 한다. "왜?"라는 질문 속에는 존재하지도 않는 이유를 묻는 의도가 은연중에 깔려 있다. 이런 질문은 아무리 답이 주어져도 무한정 계속될 수 있으며, 질문을 끊는 유일한 방법은 "왜냐하면"으로 시작하는 답을 주는 것이다. 그러나 이런 식으로 문답이 끝난다 해도 뒤끝은 여전히 찜찜하다.

Q _ 신을 배제하면 삶의 목적이 사라지지 않을까?

A _ 나는 그렇게 생각하지 않는다. 오히려 그 반대다. 내가 만일 사담 후세인 같은 사람이 다스리는 세계에 살고 있다면 아무런 삶의 목적도 찾지 못할 것 같다(나의 친구인 크리스토퍼 히친스Christopher Hitchens의 비유에 의하면, 사담 후세인은 이라크에서 실제로 신이나 다름없었다. 그는 모든 규칙을 혼자 만들었고, 그것에 복종하지 않는 사람들을 영원한 지옥에 가두었다). 목적이 없는 우주에서 산다는 것은 정말로 놀랍고도 신명나는 일이다. 우주에 아무런 목적이 없었기 때문에 우연히 탄생한 생명과 의식이 더욱 값지게 느껴진다. 이 가치가 얼마나 지속될지는 알 수 없지만, 적어

도 태양이 살아 있는 동안은 결코 퇴색하지 않을 것이다.

Q _ 우주가 '평평하다'는 말은 무슨 뜻인가?
빈대떡처럼 납작하고 평평하다는 말인가?

A _ 이 내용은 양장본에서 좀 더 신중하게 서술했어야 했는데 그러지 못했다. 부족했던 설명은 개정판(페이퍼백)에 추가되었으니 읽어보기 바란다. 어쨌거나 질문을 받았으니 간단하게나마 답을 제시하고자 한다. 평평한 3차원공간은 지금 우리가 살고 있는 공간이다. 이곳에서 빛은 직선궤적을 따라 똑바로 나아가고, 서로 직교하는 좌표축들(x, y, z)은 어디서나 직각을 유지한다. 그러나 휘어진 3차원공간에서는 방금 말한 것들이 성립하지 않는다. 아인슈타인의 일반상대성이론에 의하면 질량과 에너지는 공간을 휘어지게 만들지만 이것은 질량이나 에너지가 존재하는 좁은 영역에서만 그렇고(예를 들면 태양이나 지구 근처 등), 큰 스케일에서 본 공간의 형태는 또 다른 이야기다. 공간은 광역적인 관점에서 볼 때 평평한가? 아니면 휘어져 있는가? 지금까지 얻어진 천문데이터에 의하면 관측 가능한 가장 큰 스케일에서 공간은 평평한 것으로 판명되었다. 본문에서도 말했지만 이것은 매우 그럴듯한 결과이다. 무(無)에서 탄생한 우주라면 당연히 평평할 것이기 때문이다.

Q _ 결국 과학도 또 다른 형태의 믿음이 아닐까?

A _ 절대로 그렇지 않다. 과학자들은 자신이 틀렸음을 깨닫는 순간 주저 없이 생각을 바꾸고, 연구노트를 미련 없이 휴지통에 버릴 수 있는

사람들이다. 물리학자도 예외는 아니어서, 질문이 제기되기 전에는 결코 답을 안다고 가정하지 않는다. 물론 우리는 우주가 이해 가능하다고 믿고 있다. 그러나 과학이 위대한 이유는 그 믿음이 언제든지 깨질 수 있기 때문이다. 자연이 다른 답을 제시한다면, 우리는 언제 어디서나 믿음을 버릴 준비가 되어 있다.

Q _ 강입자가속기로 힉스보손을 찾는 것이 우주론에서도 중요한 사안인가? 힉스입자를 발견하면 무엇이 달라지며, 발견하지 못한다면 어떻게 되는가?

A _ 이 질문의 답은 페이퍼백 서문에 언급되어 있다. 힉스입자를 찾는 작업은 50년 전부터 시작된 지적(知的) 여행의 최고봉으로서, 2011년에 처음 보고된 대로 CERN의 강입자가속기를 통해 발견된 것이 사실이라면 그동안 위태로운 기초 위에 쌓아온 이론물리학이 확실한 인증을 받게 된다. 이런 점에서 볼 때 힉스입자 가설이 옳은 것으로 판명된다면 정말로 신명나는 일이 아닐 수 없다. 다들 알다시피 자연은 먼 옛날부터 과학자들의 의표를 사정없이 찔러왔다. 대부분의 일반인들은 완성된 이론을 접하기 때문에 실감이 잘 안 가겠지만, 사실 끝까지 살아남은 이론은 극소수에 불과하며, 처음에 완벽한 이론으로 간주되었다가 자연의 검증과정을 통과하지 못해 휴지조각이 된 사례는 헤아릴 수 없을 정도로 많다. 그렇지 않다면 누구나 물리학을 할 수 있을 것이다. 힉스입자가 발견된다면, 그것은 우리의 존재가 우주적 우연임을 보여주는 또 하나의 증거가 될 것이다. 모든 입자들은 걸쭉한 당밀 속

에서 헤엄치는 사람처럼, 보이지 않는 배경장background field과 상호작용을 교환하면서 질량을 획득한다. 이런 장이 우주 초기에 존재하지 않았다면 우리도 존재하지 않았을 것이다. 이것이야말로 무(無)에서 유(有)가 탄생했다는 또 다른 증거이다! 힉스입자가 발견되면 "입자들의 질량은 왜 지금과 같은 값이어야 하는가?" "자연에 존재하는 네 가지 힘으로부터 힉스입자의 존재를 어떻게 설명할 수 있는가?" 등등 해답보다 질문이 더 많이 쏟아질 것 같다.

Q _ 내가 알기로 자연의 기본법칙은 네 가지 힘이 어디서 왔으며 이 세상이 왜 지금과 같이 특정한 입자와 장으로 이루어져 있는지, 그리고 무엇보다도 이 세상이 왜 존재하게 되었는지를 설명하지 못한다. 이 점에 대한 저자의 의견은?

A _ 지난 40년 사이에 입자물리학이 이룩한 위대한 업적 중 하나는 우리의 우주(네 종류의 힘이 명백하게 드러나 있고, 특별한 장이 관측 가능한 규모로 퍼져 있고, 질량이 있는 입자와 없는 입자가 공존하는 우주)가 환경상의 우연으로 탄생할 수 있다는 사실을 알아낸 것이다. 이른바 '자발적 대칭붕괴spontaneous symmetry breaking'로 불리는 이 현상은 빅뱅 이후 우주가 점차 식으면서 유리창에 성에가 맺히듯 전 공간에 걸쳐 배경장이 형성되었음을 말해주고 있다. 힉스장도 이런 과정을 거쳐 탄생한 것으로 추정된다(추운 날 유리창에 맺힌 성에의 무늬는 처음부터 결정된 것이 아니라, 중간에 거치는 동결과정에 따라 달라진다).

　일단 배경장이 형성되면 일부 입자들은 질량을 갖게 되고(질량을 획득하면 상태가 불안정해져서 다른 입자로 쉽게 붕괴된다) 또 어떤 입자는 질량이 없는 채로 남는다. 그리고 입자의 질량에 따라 전자기력 같은 힘은 먼 거리까지 작용하고, 약력은 아주 짧은 거리에서만 작용하게 된다. 이 세상이 왜 존재하게 되었는지, 그 이유를 묻는다면 무엇보다 자발적 대칭붕괴를 원인으로 제시하고 싶다. 이 현상이 어떤 방식으로 일어났는가에 따라 우주는 무한정 팽창할 수도 있고 순식간에 사라질 수도 있다. 우리의 우주는 "우주는 왜 텅 비어 있지 않고 무언가가 존재하게 되었는가?"라는 의문을 갖는 지적 생명체가 탄생할 정도로 충분히 오래 지속된 셈이다.

Q _ "우주가 무(無)에서 탄생했고 과학은 우주론의 모든 의문을 풀었다"고 주장하는 것은 지나치게 거만한 자세 아닌가?

A _ 대체로 나의 책을 읽지 않은 사람들이 이런 비난을 해오곤 한다. 내 책에서 언급된 핵심적인 내용 중 하나는 "우리는 모든 질문의 답을 알지 못한다"였다. 모든 것을 알 수는 없지만, 우리는 경험에 의존한 빈약한 논리로는 결코 답을 찾을 수 없는 근본적이고 심오한 질문과 씨름을 벌이면서 과학이라는 수단을 통해 놀랍고도 감칠나는 사실들을 꽤 많이 알아냈다.

Q _ 과학과 종교는 양립할 수 있는가? 이들은 방법만 다를 뿐, 결국 동일한 질문의 답을 찾는 행위 아닌가?

A _ 과학이 일부 이신론(理神論, 17~18세기에 유럽에 퍼졌던 합리적 종

교관. 우주의 창조자로서 신을 인정하되, 인격을 가진 신이나 기적 등을 부정하고 과학적 합리성을 추구했음—옮긴이)과 양립하는 것은 가능하다. 우주가 물리적 과정을 통해 무(無)에서 탄생했다 해도, 그 저변에 창조의 목적이 전혀 없다고 단정짓기는 어렵다(물론 이런 목적이 존재한다는 과학적 증거는 없다). 그러나 과학은 기독교, 불교, 유대교, 이슬람교, 모르몬교 등 그들만의 교리를 주장하는 전통적인 종교와는 양립하기 어렵다고 본다. 그 교리라는 것이 '이 세상이 지금처럼 작동되는 이유를 전혀 모르는' 사람들의 손에 의해 쓰여졌기 때문이다(위에 열거한 종교들 중 모르몬교를 제외한 모든 종교의 교리는 지구가 태양 주변을 공전한다는 사실이 알려지기 전에 작성되었다!).

Q _ 당신은 무신론자인가?

A _ 나는 이 우주가 어떤 목적을 가진 신에 의해 창조되지 않았다고 생각하지만, 이것만으로 무신론자를 자처하기는 다소 부족한 면이 있다. 나는 목성 주변을 공전하는 주전자가 절대로 존재하지 않는다고 단정할 수 없다. 버트런드 러셀의 말대로, 그 확률은 매우 작지만 0이 아니기 때문이다. 그러나 "나는 이 우주에서 신과 함께 살고 싶지 않다"는 것만은 자신 있게 말할 수 있다. 이런 점에서 볼 때 나는 무신론자가 맞다. 나의 친구인 크리스토퍼 히친스도 나와 같은 사례이다.

역자후기

　로렌스 크라우스Lawrence Krauss — 나와는 각별한 인연이 있는 이름이다. 그와 개인적인 친분이 있는 것이 아니라, 90년대에 중반에 한동안 번역을 중단했다가 그의 책『스타트렉의 물리학The Physics of Star Trek』을 계기로 다시 이 비닥에 발을 들여놓았기 때문이다. 그 시이에 15년 기까운 세월이 흐르면서 그도, 나도 많이 변했다.

　『스타트렉의 물리학』은 자상하고 친근했다. 헐리웃 영화를 유쾌하게 비틀면서 과학적 오류를 지적하고, 그것을 실현하기 위해 필요한 기술을 일일이 나열하는 등, 모든 대중들에게 무리 없이 다가갈 수 있는 실용적인 책이었다. 그러나 이 책은 다르다. 달라도 너무 다르다.

　물리학에는 에너지 보존법칙, 운동량 보존법칙, 전하 보존법칙, 바리온수 보존법칙 등 온갖 보존법칙이 널려 있다. 세상사를 둘러봐도 조변석개하는 대상보다는 오랜 세월 변하지 않는 것에 더 많은 가치를 부여한다(아마도 변하지 않는 것이 자신에게 더 안전하다고 느끼기 때문일 것이다). 그런데 이 모든 것을 포함하는 우주는 빅뱅 후 지금까지 단 한 순간도 정체된 적이 없었다. 게다가 크라우스는 그 근원을 따지고 들어가다가 결국 완전한 무(無)에 도달한다. 공간도 없고, 조물주도 없고, 물리학법칙도 없는 완전한 무(無) — 바로 여기서 우주가 탄생했다는 것이 이 책의 핵심이다. 무(無)보다 더한 무(無)는 존재할 수 없으니 여기가 바로 만물의 근원이요, 근원 중의 근원이다. 여기서 더 따지고 드는 것은 아무런 의미가 없다.

이 정도로 끝났다면 이 책은 평범한 교양과학서가 되었을 것이다. 그러나 크라우스는 A와 B 중 하나를 권하는 게 아니라, "왜 A를 택할 수밖에 없는지, B를 고집하는 것이 왜 잘못된 선택인지"를 적나라하게 펼쳐 놓았다. 나도 과학자의 한 사람으로 그의 주장에 한 표를 던지고 싶지만, 이 정도로 과격한 주장에는 부담이 가는 것도 사실이다. 종교와 과학을 '취사선택의 대상'이 아니라 '하나는 옳고 하나는 틀린 것(또는 잘 해야 나머지 하나와 비슷한 것)'으로 단정지었으니, 이미 선택을 끝낸 사람들에게는 싸움을 거는 것이나 다름없다.

저자가 이토록 강경한 이유는 그만큼 자신감이 넘치기 때문이다. 지금도 빈 공간에서는 전자-양전자 쌍이 수시로 나타났다가 사라진다. 이것이 바로 양자역학의 불확정성원리로 설명되는 양자요동이다. 그렇다면 전자와 양전자는 나타나기 전부터 존재한 것인가? 또는 빈 공간이 이들의 탄생을 미리 준비해놓고 있었는가? 크라우스는 이 모든 질문에 단호하게 "No!"라고 외친다. "나타나기 전부터 존재했다고 우기는 것은 낙태가 아닌 자위를 한 사람에게 생명을 죽였다고 법적 책임을 묻는 것이나 다름없다"는 것이 그의 지론이다.

사실 '존재'나 '무(無)' 같은 용어들은 의미부터가 모호해서, 이런 것을 두고 아무리 논쟁을 벌여봐야 원점으로 되돌아오기 일쑤다. 그래서 크라우스는 자신의 주장을 펼치기 전에 단어의 의미를 꼼꼼하게 정의하고 자신의 의도를 분명하게 밝혔다. 겉으로 보기에는 신학자나 철학자들에게 싸움을 거는 것처럼 보이지만, 사실 그 내면에는 과학적 진실을 전달하려는 절실함이 배어 있다(나 자신도 이 책을 번역하면서 그에게 동화된 것 같다). 종교와 과학에 이분법적 잣대를 들이대는 행위에는 나 자신도 반대하지만, 성직자들이 평생을 바쳐 신을 섬기듯 과학자들이 평생을 바쳐 자연을 탐구하고, 거기서 얻은 결론을 누구나 알아들을 수 있는 말로 표현하는 것은 지극히 자연스러운 행동이라고 생각한다.

크라우스가 구사하는 범상치 않은 영어 때문에 갖은 고생을 하면서 간신히 번역을 마치긴 했는데, 아직도 한가지 찜찜한 구석이 남아 있다. 크라우스는 "자연은 신학자나 철학자보다 똑똑할 수도 있다"고 했다. 그렇다면 자연은 과학자들보다 똑똑할 수도 있지 않을까? "자연은 알면 알수록 경이롭다"는 사교성 멘트 속에 정복욕이 조금이라도 남아 있는 한, 우리는 자연을 알 수는 있어도 결코 느낄 수는 없을 것 같다.

2012년 9월 11일
역자 박병철

찾아보기

옮긴이 | 박병철

역자 박병철은 1960년에 서울에서 태어나 연세대학교와 동대학원 물리학과를 졸업하고 KAIST에서 물리학 박사학위를 받았다. 현재 대진대학교 초빙교수이며, 작가 및 번역가로 활동중이다. 그가 옮긴 책으로는 『엘러건트 유니버스』, 『페르마의 마지막 정리』, 『우주의 구조』, 『파인만의 물리학강의 I, II』, 『리만가설』, 『평행우주』, 『멀티 유니버스』, 『퀀텀 유니버스』 등이 있으며, 현재 『The Princeton Companion to Mathematics(승산, 근간)』의 공동번역에 참여하고 있다. 저서로는 어린이 과학동화 『라이카의 별』이 있다.

무로부터의 우주

1판 1쇄 발행 2013년 10월 21일
1판 2쇄 발행 2013년 12월 10일

지은이 로렌스 크라우스
옮긴이 박병철
펴낸이 황승기
마케팅 송선경
편집 및 디자인 김슬기
펴낸곳 도서출판 승산
등록날짜 1998년 4월 2일
주소 서울시 강남구 역삼2동 723번지 혜성빌딩 402호
대표전화 02-568-6111
팩시밀리 02-568-6118
웹사이트 www.seungsan.com
전자우편 books@seungsan.com

값 16,000원

ISBN 978-89-6139-053-8　93400

이 도서의 국립중앙도서관 출판시도서목록(CIP)은
서지정보유통지원시스템 홈페이지(http://seoji.nl.go.kr)와
국가자료공동목록시스템(http://www.nl.go.kr/kolisnet)에서 이용하실 수 있습니다.
(CIP제어번호: CIP2013019520)